核电厂工业安全

主　编　程开喜

副主编　徐宏明　王　川

王孔钊　万德华

原子能出版社

图书在版编目(CIP)数据

核电厂工业安全/程开喜主编．—北京:原子能出版社,2010.9

ISBN 978-7-5022-5062-1

Ⅰ.①核… Ⅱ.①程… Ⅲ.①核电厂—安全技术—技术培训—教材 Ⅳ.①TM623.8

中国版本图书馆CIP数据核字(2010)第188932号

内容简介

本教材根据中国核工业集团公司的要求而编制,可作为核电厂全体员工及其承包商基本安全授权的培训教材。本教材主要介绍了安全生产相关法律法规、核电厂工业安全基础知识、核电厂安全生产管理要求、核电厂易发生的工业安全事故及预防、劳保用品及安全仪表管理、工业安全事故调查和处理等内容。本教材可以帮助电厂员工及承包商员工了解核电厂工业安全管理要求和预防措施,尽可能在核电厂内各项工作中运用这些规定和预防措施,最大限度减少工业安全事故的发生,确保核电厂安全、可靠、经济地运行。

核电厂工业安全

出版发行 原子能出版社(北京市海淀区阜成路43号 100048)
责任编辑 张 琳
技术编辑 丁怀兰 王亚翠
责任印制 潘玉玲
印　　刷 保定市中画美凯印刷有限公司
经　　销 全国新华书店
开　　本 787mm×1092mm 1/16
印　　张 5.75 **字　　数** 142千字
版　　次 2010年12月第1版 2010年12月第1次印刷
书　　号 ISBN 978-7-5022-5062-1 **定　　价** **32.00元**

网址:http://www.aep.com.cn **E-mail:atomep123@126.com**
发行电话:010-68452845

中国核工业集团公司
核电培训教材编审委员会

《核电厂工业安全》
编 辑 部

主　　编 程开喜

副主编 徐宏明　王　川　王孔钊　万德华

编　　者 （按姓名的拼音顺序排列）

陈　波　陈廷伟　程开喜　胡　勇　胡文起
娄建新　万德华　王　川　王　强　王孔钊
王前斌　夏想山　肖　炜　徐宏明　杨　赞
张　勇　赵伟伟　周红英

总　序

核工业作为国家高科技战略性产业，是国家安全的重要基石、重要的清洁能源供应，以及综合国力和大国地位的重要标志。

1978年以来，我国核工业第二次创业。中国核工业集团公司走出了一条以我为主发展民族核电的成功道路。在长期的核电设计、建造、运行和管理过程中，积累了丰富的实践和理论经验，在与国际同行合作过程中，实现了技术和管理与国际先进水平相接轨，取得了骄人的业绩。

中国核工业集团公司在三十多年的核电建设中，经历了起步、小批量建设、快速发展三个阶段。我国先后建成了秦山、大亚湾、田湾三大核电基地，实现了我国大陆核电“零”的突破、国产化的重大跨越、核电管理与国际接轨，走出了一条以我为主，发展民族核电的成功之路。在最近几年中，发展尤为迅猛。截至2008年底，核电运行机组11台，装机容量907.82万千瓦，全部稳定运行，态势良好。

进入新世纪，党中央、国务院和中央军委对核工业发展高度重视、极为关怀，对核工业做出了新的战略决策。胡锦涛总书记指出：“无论从促进经济社会发展看，还是从保障国家安全看，我们都必须切实把我国核事业发展好”。发展核电是优化能源结构、保障能源安全、满足经济社会发展需求的重要途径。2007年10月，国务院正式颁布了《核电中长期发展规划(2005—2020年)》。核电进入了快速、规模化、跨越式发展的新阶段。

在中国核电大发展之际，中国核工业集团公司继续以“核安全是核工业的生命线”的核安全文化理念和“透明、坦诚和开放”的企业管理心态，以推动核电又好又快又安全发展为己任，为加速培养核电发展所需的各类人才，组织核电领域专家，全面系统地对核电设计、工程建造、电站调试、生产准备和生产运营等各阶段的知识进行了梳理，构造了有逻辑性、系统性的核电知识体系，形成了覆盖核电各阶段的核电工程培训系列教材。

这套教材作为培养核电人才的重要工具，是国内目前第一套专业化、体系化、公开出版的核电人才培养系列教材，有助于开展培训工作，提高培训质量、节约培训成本，夯实核电发展基础。它集中了全集团的优势，突出高起点、实用性强，是集团化、专业化运作的又一次实践，是中国核工业50余年知识管理的积淀，是中国核工业10万人多年总结和实践经验的结晶。

21世纪是“以人为本”的知识经济时代，拥有足够的优秀人才是企业持续发展的重要基础。中国核工业集团公司愿以这套教材为核电发展开路，为业界理论探讨、实践交流提供参考。

我们要继续以科学发展观为指导，认真贯彻落实党中央、国务院的指示精神，积极推进核电产业发展。特别是要把总结核电建设经验作为一项长期的工作来抓，不断更新和完善人才教育培训体系。

核电培训系列教材可广泛用于核电厂人员培训，也可用于核电管理者的学习工具书，对于有针对性地解决核电厂生产实践和管理问题具有重要的参考价值。

中国核工业集团公司总经理 孙勤

2009年9月9日

前　言

为确保核电厂安全、可靠和经济地运行，中国核工业集团公司下属各运行核电厂已制定和执行员工培训（包含继续培训）大纲，使员工接受适当的培训、获得（或继续）授权和获得（或保持）上岗工作资格，这不仅是为了满足核安全法规、国家和行业标准的基本要求，也是营运单位自身生存和发展的需要。

授权是核电厂经理或厂长对其下属具有合格的资格胜任某一工作的员工签发一种书面证书，允许履行其岗位职责的过程。基本安全授权培训是指对在核电厂工作的每一名员工，包括厂内和厂外的，在其进入厂区之前，对其所进行的安全、组织过程和质量等方面的知识和意识方面的培训，并进行考核以确保其已经具有基本安全和质量知识和意识，基本安全授权是员工入厂工作所应具备的最基本授权。

中国核工业集团公司组织编写基本安全授权培训系列教材的目的是为了总结下属各运行核电厂基本安全授权培训经验和加强相互之间的沟通交流；提高基本安全授权培训效果，为各核电厂开展基本安全授权培训提供参考。

基本安全授权培训系列由以下教材组成：

——核电厂安全文化

——核电厂质量保证

——核电厂应急准备与响应

——核电厂急救

——核电厂辐射防护

——核电厂工业安全

——核电厂消防

——核电厂保卫

——核电厂工作过程管理

——核电厂场地管理

——核电厂环境保护

教材的内容以近年来各运行核电厂的基本安全授权培训教材为基础，补充一些国内外核电厂的良好实践经验及新发布的核安全法规和导则的相关要求。

本篇教材为《核电厂工业安全》。

核电厂由于其行业的特殊性，电厂的工业安全决定了其有别于一般企业的安全管理；核电厂的任何工业安全事故，不仅导致直接经济损失，更有其难以估量的间接损失甚至是政治影响。

核电厂工业安全的目标是在现有的工程设计的基础上，通过科学的管理，防止人身伤害事故，设备损害事故和职业病的发生，为职工提供劳动安全的必要条件和保护，营造良好的作业环境，使核电厂的工业危害的事故风险降低到尽可能低的水平。最终达到防止人员伤亡事故、重大设备损坏事故的发生。

核电厂作为电力企业，在生产过程中的工业安全风险主要包括触电，火灾，高处坠落，机械伤害和起重伤害等。如果员工安全意识淡薄，缺乏必要的安全知识和技能，在工作中稍有疏忽，就有可能引发事故，这样不仅使企业的财产遭受损失，甚至危及核电厂员工的生命安全。

“安全第一，预防为主，综合治理”是国家的安全生产方针，参与核电厂建设和运行的所有人员掌握必要的安全知识和技能是预防各种易发生事故的基础。本教材主要介绍了核电厂工业安全的基本知识，它是对中国核工业集团公司各核电厂每一名员工最基本的安全要求。“以人为本，关爱生命”是我们共同追求的目标。希望每位员工要自觉地遵守并履行核电厂工业安全的相关规定，不断增强工业安全知识，努力提高安全生产技能水平，人人都要作为最后一道工业安全的屏障，为中国核工业集团安全生产做出应有的贡献。

本教材的培训对象是核电厂所有工作人员，针对不同人员的培训要求在教材中列出不同的培训目标和内容，同时提出各核电厂在使用本教材时，宜结合本厂的实际作适当调整和补充。

本教材由江苏核电有限公司程开喜主持编辑，核动力运行研究所万德华在秦山核电有限公司的《工业安全培训教材》(2008 年)、核电秦山联营有限公司的《一级工业安全培训教材》《二级工业安全教材》、秦山第三核电有限公司的《工业安全守则》(2006 年 11 月)《工业安全一级教材》《工业安全二级教材》、江苏核电有限公司的《工业安全复训》《工业安全一级培训》《工业安全二级培训》的基础上进行组稿编辑，秦山核电有限公司张勇、娄建新、徐宏明、肖炜、胡勇；核电秦山联营有限公司王川、陈廷伟、王前斌；秦山第三核电有限公司王孔钊、王强、胡文起；江苏核电有限公司程开喜、杨赞、陈波、赵伟伟；核动力运行研究所周红英、夏想山等专家对初稿进行了认真的审阅和修改，原子能出版社的有关同志对本教材也作了仔细的审核。秦山核电有限公司、核电秦山联营有限公司、秦山第三核电有限公司、江苏核电有限公司、核动力运行研究所等单位给予了大力支持，在此向他们致以衷心感谢！

《核电厂工业安全》教材适用于中国核工业集团公司所属各运行核电厂员工的基本安全授权培训，也可作为在建核电厂员工培训的参考教材。

在教材的编制过程中，虽经反复推敲核证，仍难免有不妥甚至错谬之处，诚望广大读者提出宝贵意见，以便再版时加以修正。

程开喜

2010年7月

目　　录

第一章　工业安全基础知识

第二章　核电厂安全生产管理

第三章 核电厂易发生的工业安全事故及其原因分析

第四章 工业安全事故预防措施

第五章 劳保用品及安全仪表管理

第六章 工业安全事故管理与社会保障

第一章　工业安全基础知识

1.1　工业安全基本概念

安全——免遭不可接受的风险的伤害。

事故——造成死亡、疾病、伤害、损坏或其他损失的意外情况。

事故隐患——人、机、环境三者安全品质匹配，有缺陷或者被削弱、被破坏的环节，以及安全管理不到位的环节，称为事故隐患。

人员伤亡事故——指员工在生产过程中发生的人身伤害、急性中毒事故，即员工在本岗位工作或虽不在本岗位工作，但由于电站的设备和设施不安全、劳动条件或作业环境不良、管理不善以及领导指派到电站外从事与电站工作有关的生产活动所发生的人身伤亡和急性中毒事故。

工业安全事故——指人员伤亡事故和电站内的非核安全、辐射、交通、消防相关的事故。

风险——某一特定危险情况发生的可能性和后果的组合。

危险源——从安全生产角度而言，危险源是指可能导致伤害或疾病、财产损失、工作环境破坏或这些情况的组合根源或状态。

1.2　安全生产管理方针

2002年，为全面、完整地反映国家关于加强安全生产监督管理的基本方针、基本原则，制定了对各行业、各部门和各类企业普遍适用的安全生产基本管理制度，并对安全生产管理中普遍存在的共性的、基本的法律问题做出统一规范，为此全国人大颁布实施《中华人民共和国安全生产法》。以《安全生产法》为核心，包括法律、行政法规、部门规章和地方性安全生产法律和规章的我国安全生产法律法规体系正在逐步建立并完善。《中华人民共和国安全生产法》在总结我国安全生产管理实践经验的基础上，将"安全第一，预防为主"规定为我国安全生产工作的基本方针。

"安全第一"，就是在生产经营活动中，在处理保证安全与生产经营活动的关系上，要始终把安全放在首要位置，优先考虑从业人员和其他人员的人身安全，实行"安全优先"的原则，在确保安全的前提下，努力实现生产的其他目标。

"预防为主"，就是说对安全生产的管理，主要不是在发生事故后去组织抢救，进行事故调查、处理分析，而是按照系统化、科学化的管理思想，按照事故发生的规律和特点，千方百计预防事故的发生，做到防患于未然，将事故消灭在萌芽状态。虽然人类在生产活动中还不可能完全杜绝安全生产事故的发生，但只要思想重视，预防措施得当，可以大大减少事故的发生。

但在"十一五"规划中，总理将中石油的综合治理经验也放入了政府工作报告，所以很多企业(包括中国核工业集团公司)开始用：安全第一、预防为主、综合治理作为本企业的安全生产工作的基本方针。

由于安全依附于生产经营活动而存在，安全第一的方针在实际工作中遇到很多问题。

少数企业为了完成生产任务或经济指标，也较难以将安全作为第一要务来考虑。

比如政府部门的考核目标，对领导干部的评价指标，企业经营战略、经营目标，企业和部门、工厂、车间以及各级领导的MBO/绩效指标体系中，都没有将安全生产指标作为第一指标考虑。最多一些政府部门和企业将死亡指标作为否决性指标使用。

预防为主确实是很重要的，通过设备资产的优化，逐步实现本质安全；通过人员的培训实现人的行为安全；通过管理规范确保设备运行和人的行为的规范实现安全；通过一些预防措施，如劳动防护品等，实现减少和消除危害。

但是不能因为过于重视预防，而忽视事故和灾害的处置和救灾预案工作。所以在事故和灾害发生时，应该尽快地降低损失、保护生命、抢救生命。近几年来，各种工业安全和灾害的救治工作大有好转。

综合治理是一个宽泛的概念，而且治理是安全生产管理中的一项工作，不能代表管理的全方位。

党的十六届五中全会通过的“十一五”规划《建议》，明确要求坚持安全发展，并提出了“坚持安全第一、预防为主、综合治理”的安全生产方针。这一方针反映了我们党对安全生产规律的新认识，对于指导新时期安全生产工作具有重大而深远的意义。

坚持安全第一。安全第一，就是在生产过程中把安全放在第一重要的位置上，切实保护劳动者的生命安全和身体健康。这是我们党长期以来一直坚持的安全生产工作方针，充分表明了我们党对安全生产工作的高度重视、对人民群众根本利益的高度重视。在新的历史条件下坚持安全第一，是贯彻落实以人为本的科学发展观、构建社会主义和谐社会的必然要求。以人为本，就必须珍爱人的生命；科学发展，就必须安全发展；构建和谐社会，就必须构建安全社会。坚持安全第一的方针，对于捍卫人的生命尊严、构建安全社会，促进社会和谐、实现安全发展具有十分重要的意义。因此，在安全生产工作中贯彻落实科学发展观，就必须始终坚持安全第一。

坚持预防为主。预防为主，就是把安全生产工作的关口前移，超前防范，建立预教、预测、预想、预警、预防的递进式、立体化事故隐患预防的体系，改善安全状况，预防安全事故。在新时期，预防为主的方针又有了新的内涵，即通过建设安全文化、健全安全法制、提高安全科技水平、落实安全责任、加大安全投入，构筑坚固的安全防线。具体地说，就是促进安全文化建设与社会文化建设的互动，为预防安全事故打造良好的“习惯的力量”；建立健全有关的法律法规和规章制度，如《安全生产法》，安全生产许可制度，“三同时”制度，隐患排查、治理和报告制度等等，依靠法制的力量促进安全事故防范；大力实施“科学兴安”战略，把安全生产状况的根本好转建立在依靠科技进步和提高劳动者素质的基础上；强化安全生产责任制和问责制，创新安全生产监管体制，严厉打击安全领域的腐败行为；健全和完善中央、地方、企业共同投入机制，提升安全生产投入水平，增强基础设施的安全保障能力。

坚持综合治理。综合治理，是指为适应我国安全生产形势的要求，自觉遵循安全生产规律，正视安全生产工作的长期性、艰巨性和复杂性，抓住安全生产工作中的主要矛盾和关键环节；综合运用经济、法律、行政等手段，人管、法治、技防多管齐下，并充分发挥社会、职工、舆论的监督作用，有效解决安全生产领域的问题。实施综合治理，是由我国安全生产中出现的新情况和面临的新形势决定的。在社会主义市场经济条件下，利益主体多元化，不同利益主体对待安全生产的态度和行为差异很大，需要因情制宜、综合防范；安全生产涉及的领域广泛，每个领域的安全生产又各具特点，需要防治手段的多样化；实现安全生产必须从文化、法制、科技、责任、投入入手，多管齐下，综合施治；安全生产法律政策的落实，需要各级党委和政府的领导、有关部门的合作以及全社会的参与。目前我国的安全生产既存在历史积淀的沉重包袱，又面临经济结构调整、增长方式转变带来的挑战，要从根本上解决安全生产问题，就必须实施综合治理。从近年来安全监管的实践，特别是近年来联合执法的实践来看，综合治理是落实安全方针政策、法律法规的最有效手段。因此，综合治理具有鲜明的时代特征和很强的针对性，是我们党在安全生产新形势下作出的重大决策，体现了安全生产方针的新发展。

"安全第一、预防为主、综合治理"的安全生产方针是一个有机统一的整体。安全第一是预防为主、综合治理的统帅和灵魂，没有安全第一的思想，预防为主就失去了思想支撑，综合治理就失去了整治依据。预防为主是实现安全第一的根本途径。只有把安全生产的重点放在建立事故隐患预防体系上，超前防范，才能有效减少事故损失，实现安全第一。综合治理是落实安全第一、预防为主的手段和方法。只有不断健全和完善综合治理工作机制，才能有效贯彻安全生产方针，真正把安全第一、预防为主落到实处，不断开创安全生产工作的新局面。

1.3　安全生产法规管理条例及国际公约简介

1.3.1　安全生产法律体系

我国的法律体系可以分为五个层次：中华人民共和国宪法、有关安全生产法律（包括我国加入的国际公约）、国务院有关行政法规、国家有关部委颁布的规章和条例，地方人大、政府颁布的法规和规章等。

全国人大及国务院颁布的部分有关安全生产法规如下图 1-3-1 所示。

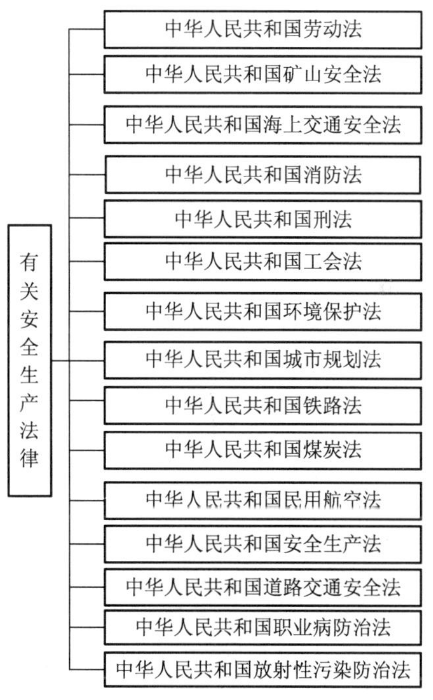

图 1-3-1　全国人大和国务院颁布的部分有关安全生产法规

国务院有关职业安全卫生行政法规如表 1-3-1 所示。

表 1-3-1 国务院有关职业安全卫生行政法规

类别	法规名称
国务院有关安全生产行政法规	工厂安全卫生规程
	建筑安装工程安全技术规程
	关于加强企业生产中安全工作中的几项规定
	特别重大事故调查程序暂行规定
	企业职工伤亡事故报告和处理规定
	中华人民共和国尘肺病防治条例
	矿山安全法实施条例
	女职工劳动保护工作规定
	禁止使用童工的规定
	特种设备安全监察条例
	危险化学品安全管理条例
	中华人民共和国海上交通事故调查处理条例
	中华人民共和国内河交通安全管理条例
	中华人民共和国渔港水域交通安全管理条例
	铁路运输安全保护条例
	森林防火条例
	工伤保险条例
	中华人民共和国民用爆炸物品管理条例
	中华人民共和国民用核设施安全监督管理条例
	放射性物品运输安全管理条例
	放射性同位素与射线装置放射防护条例
	锅炉压力容器安全监察暂行条例
	关于保护通信线路的规定
	电力设施保护条例

省级政府、国家有关部委、省级以下政府和有关部门以及企业主管部门、企业自身在国家法律、法规的基础上制定的行政规章和制度，是保证国家有关法规在本地区、本部门(行业)、本企业得以更好贯彻执行的重要文件，同样是指导和规范职业与安全卫生工作的依据，也是在调查处理事故时，判定当事人是否有责任或是否有罪的依据之一。

1.3.2 核行业常用的法规、条例内容简介

(1)《中华人民共和国安全生产法》

《中华人民共和国安全生产法》(以下简称《安全生产法》)是我国安全生产的专门法律、基本法律，适用于中华人民共和国境内所有从事生产经营活动的单位的安全生产。其立法目的就是为了加强安全生产监督管理，防止和减少生产安全事故，保障人民群众生命和财产安全，促进经济发展。《安全生产法》确立了安全生产的基本法律制度，适用于所有矿山、建筑、铁路、民航、交通等行业。消防安全和道路交通安全、铁路交通安全、水上交通安全、民用航空安全等法律、行政法规若另有规定时，适用其规定；没有规定的，全部适用《安全生产

法》。

《安全生产法》于2002年6月29日经第九届全国人民代表大会常务委员会第二十八次会议通过，从2002年11月1日起开始实施。

《安全生产法》全文为7章，共97条。

《安全生产法》确定了7项基本制度：安全生产监督管理制度；生产经营单位安全保障制度；生产经营单位负责人安全责任制度；从业人员安全生产权利与义务制度；为安全生产提供服务的中介机构的工作制度；安全生产责任追究制度；事故应急救援和调查处理制度。

根据《安全生产法》的要求，作为核电厂必须遵守本法和其他安全生产的法律、法规，加强安全生产管理，建立、健全安全生产责任制度，完善安全生产条件，确保安全生产。具体体现在：① 必须遵守有关的安全生产的法律、法规；② 核电厂的主要负责人必须重视安全生产工作，抓生产经营的同时必须抓安全生产；③ 必须建立健全有关安全生产的各项规章制度；④ 必须具备基本的安全生产条件，包括必要的安全投入；⑤ 必须对核电厂员工进行相应的安全生产教育、培训，使其掌握基本的安全生产知识和技能；⑥ 必须建立内部安全生产监督检查制度，督促、检查核电厂的安全生产管理工作。

(2)《中华人民共和国劳动法》

《中华人民共和国劳动法》(以下简称《劳动法》)阐明了劳动者及其用人单位的权利和义务。1994年7月5日经第八届全国人民代表大会常务委员会第八次会议通过。

有关内容摘录如下：

总则第三条：保护劳动者享有平等就业和选择职业的权利、取得劳动报酬的权利、休息休假的权利、获得劳动安全卫生保护的权利，接受职业技能培训的权利、享受社会保险和福利的权利、提请劳动争议处理的权利，以及法律规定的其他劳动权利。

劳动者应当完成劳动任务、提高职业技能、执行劳动安全规程、遵守劳动纪律和职业道德。

总则第四条：用人单位应当依法建立和完善规章制度，保障劳动者享有的劳动权利和履行劳动义务。

第六章摘录：用人单位必须建立、健全劳动安全卫生制度。严格执行国家劳动安全卫生规程和标准，对劳动者进行劳动安全卫生教育，防止劳动过程中的事故，减少职业危害。

第六章第五十三条：劳动安全卫生设施必须符合国家规定的标准。新建、改建、扩建工程的劳动卫生设施必须与主体工程同时设计、同时施工、同时投入生产和使用。

第六章第五十四条：用人单位必须为劳动者提供符合国家规定的劳动安全卫生条件和必要的劳动防护用品，对从事有职业危害作业的劳动者应当定期进行健康检查。

第六章第五十五条：从事特种作业的劳动者必须经过专门培训并取得特种作业资格。

第六章第五十六条：劳动者在劳动过程中必须严格遵守安全操作规程。

劳动者对用人单位管理人员违章指挥、强令冒险作业，有权拒绝执行，对危害生命安全和身体健康的行为，有权提出批评、检举和控告。

(3)《中华人民共和国刑法》

《中华人民共和国刑法》(以下简称《刑法》)阐明了违反劳动安全法规、违反规章制度造成重大伤亡事故的属于第二类和第八类刑事犯罪，即危害公共安全罪和渎职罪。同时，《刑法》明确定义了立案标准和量刑标准：

第一百三十四条:工厂、矿山、林场建筑企业或者其他企业、事业单位的职工,由于不服从管理、违反规章制度,或者强令工人违章冒险作业,因而发生重大伤亡事故,造成严重后果的,处三年以下有期徒刑或者拘役;后果特别严重的,处三年以上七年以下有期徒刑。

第一百三十六条:违反爆炸性、易燃性、放射性、毒害性、腐蚀性物品的管理规定,在生产、储存、运输、使用中发生重大事故,造成严重后果的,处三年以下有期徒刑或者拘役;后果特别严重的,处三年以上七年以下有期徒刑。

第三百九十七条:国家工作人员由于玩忽职守,致使公共财产、国家和人民利益遭受重大损失的,处五年以下有期徒刑或者拘役。

(4)《中华人民共和国消防法》

《中华人民共和国消防法》于 1998 年 4 月 29 日经第九届全国人民代表大会常务委员会第二次会议通过,1998 年 9 月 1 日起实施。全文共分 6 章 54 条。其目的是为了预防火灾和减少火灾危害,保护公民人身、公共财产和公民财产的安全,维护公共安全,保障社会主义现代化建设的顺利进行。消防工作贯彻预防为主,防消结合的方针,坚持专门机关与群众相结合的原则,实行防火安全责任制。《中华人民共和国消防法》对火灾预防、消防组织、灭火救援及法律责任进行了规定。

(5)《中华人民共和国道路交通安全法》

《中华人民共和国道路交通安全法》于 2003 年 10 月 28 日由第十届全国人民代表大会常务委员会第五次会议通过,2004 年 5 月 1 日起施行。该法共有 8 章 124 条,对交通信号、交通标志和交通标线,车辆,车辆驾驶员,车辆装运,车辆行驶,行人和乘车人,道路,处置等都作了详细规定。是加强道路交通管理,维护交通秩序,保障交通安全畅通的重要法规。

(6)《中华人民共和国职业病防治法》

《中华人民共和国职业病防治法》于 2001 年 10 月 27 日由第九届全国人民代表大会常务委员会第二十四次会议通过,2002 年 5 月 1 日起施行。该法共有 7 章 79 条。其目的是为了预防、控制和消除职业病危害,防治职业病,保护劳动者健康及其相关权益,促进经济发展。我国的职业病防治工作坚持预防为主、防治结合的方针,实行分类管理,综合治理。该法对职业病的前期预防、劳动过程中的防护与管理、职业病诊断与职业病人保障、监督检查和法律责任进行了详细的规定。

(7)《中华人民共和国民用核设施安全监督管理条例》

国务院于 1986 年发布的关于核动力厂,核反应堆,核燃料生产、加工、贮存及后处理设施,放射性废物的处理设施以及其他民用核设施安全监督管理的行政法规。

该条例对民用核设施建造和营运中保证安全、保证工作人员和公众的健康、保护环境、促进核能工业的发展,具有重要意义。

(8)《危险化学品安全管理条例》

该条例于 2002 年 1 月 26 日由国务院第 344 号令发布,2002 年 3 月 15 日起施行。本条例对危险化学品的生产、储存、使用、经营、运输及危险化学品登记、事故应急救援及其法律责任进行了规定。

(9)《特种设备安全监察条例》

该条例于 2003 年 3 月 11 日由国务院第 373 号令发布,2003 年 6 月 1 日起施行。本条例的目的是对涉及生命安全、危险性较大的锅炉、压力容器、压力管道、电梯、起重机械、客运索道、大型游乐园设施的特种设备加强安全监察，防治和减少事故。对特种设备的生产、使用、检验检测、监督检查和法律责任进行了规定。

(10)《放射性物品运输安全管理条例》

该条例于2009年9月14日由国务院第562号令发布，2010年1月1日起施行。本条例的目的为了加强对放射性物品运输的安全管理，保障人体健康，保护环境，促进核能、核技术开发与和平利用，根据《中华人民共和国放射性污染防治法》制定的。它适用于放射性物品的运输和放射性物品运输容器的设计、制造等活动。

除国家颁布的综合性法规外，各产业系统根据各个行业的生产特点和具体情况，制定了本系统关于安全生产的部颁规程、规定、条例等。这些法规同样是安全生产法规体系的重要组成部分，如电力工业颁布的《电业安全工作规程》；国家核安全局的核安全导则等，在此就不一一介绍了。

1.3.3 国际劳工组织及国际劳工公约介绍

成立于1919年的国际劳工组织是联合国的一个专门机构，主要任务之一是指导各成员国的劳动立法及其贯彻执行。1919年和1935年，国际劳动组织两次向世界各国发出防治灾害事故的通报，1934年就提出了企业安全卫生标准规定。1983年，国际劳工组织恢复我国成员国的合法地位，由国家劳动与社会保障部(代表政府)、全国总工会(代表劳工)、国家经贸委(代表雇主)各派代表参加活动。

国际劳工组织的活动方式，主要是通过三方(政府、雇主和劳工)协商原则，制定和颁发国际劳工公约和国际劳工组织建议书，用公约等形式来约束会员国劳动管立法的一致性，用建议书的形式来指导会员国劳动立法的统一性。通过国际相互协调的办法来改善各国工人阶级和劳动人民的劳动状况和生活条件。国际劳工组织颁发的国际劳工公约，经过各会员国立法机构批准执行后，在会员国具有法律效力，各会员国应共同遵守；国际劳工组织建议书具有咨询性质，供各会员国立法时参考。

国际劳工组织在历届国际劳工大会上通过的公约和建议书其内容大多数是改善劳动条件，保护工人安全健康等方面的。

复习思考题

(1) 我国的安全生产管理方针是什么？

(2)《中华人民共和国劳动法》赋予在生产劳动中的公民有哪些权利和义务？

(3) 简述我国的安全生产法律体系。

第二章　核电厂安全生产管理

2.1　核电厂工业安全特点

核电厂工业安全在不同阶段有不同的特点。我们可以把核电厂的工业安全划分为两个阶段来描述。

(1) 核电厂建造期间

核电厂从浇灌核岛底板基础第一罐混凝土(砼)以后，现场就开始了大规模的土建和安装施工活动，现场施工人员和机械设备大量进场，整个建筑工地呈现出一派繁忙景象。各种施工活动犬牙交错、互相干扰和安全作业预防信息不畅通等各种原因，也极容易发生意想不到的突发安全事故。在核电厂建造期间，包括调试活动主要的工业安全事故表现为：意外物体打击、车辆伤害、机械伤害、起重伤害、触电、灼烫、火灾、高处坠落、坍塌、放炮飞石、火药爆炸、锅炉爆炸、受压容器爆炸、中毒和窒息及其他伤害等。

(2) 核电厂运行期间的工业安全特点

在核电厂全寿期运行期间，从工业安全的角度出发，它有以下的特点。

1) 核电厂停堆停机之后，仍有大量的余热；

2) 核电厂的主回路还有很高的放射性活度；

3) 核电厂本身又是用电大户，确保所有电气安全也至关重要；

4) 核电厂有很多高温高压设备，预防高温高压伤害也不可忽视；

5) 核电厂有很多大功率转动设备，防止转动设备机械和噪声危害也是工业安全工作的重要内容；

6) 核电厂运行及维修期间还使用较多的易燃易爆品，防火防爆，搞好全厂消防也必须常备不懈。

如果把核安全和辐射安全作为辐射安全来研究和操作，那么上述后 4 项内容，也就是核电厂运行服役期间工业安全的特点和主要工作内容。

2.2　核电厂安全生产责任

2.2.1　核电厂营运单位的安全生产责任

《安全生产法》第四条明确规定："生产经营单位必须……建立、健全本单位安全生产责任制……"安全生产责任制是生产经营单位各项安全生产规章制度的核心。安全生产责任制是按照职业健康安全工作方针"安全第一，预防为主"和"管生产的同时必须管安全"的原则，将各级负责人员、各职能部门及其工作人员和各岗位生产工人在职业健康安全方面应做的事情和应负的责任加以明确规定的一种制度。从制度上把"安全生产，人人有责"固定下来。从而增强各级管理人员的责任心，使安全管理纵向到底、横向到边，责任明确、协调配合，共同努力把安全工作真正落到实处。

生产经营单位的安全生产责任制的核心是实现安全生产的“五同时”，就是在计划、布置、检查、总结、评比生产工作的时候，同时计划、布置、检查、总结、评比安全工作。其内容大体可分为两个方面：一是纵向方面各级人员的安全生产责任制，即各类人员（从最高管理者、管理者代表到一般职工）的安全生产责任制；二是横向方面各职能部门（如安全、设备、技术、生产、基建、人事、财务、设计、档案、培训、宣传等部门）的安全生产责任制。

要建立起一个完善的生产经营单位安全生产责任制，需要达到如下要求。

(1) 建立的安全生产责任制必须符合国家安全生产法律法规和政策、方针的要求，并应适时修订。

(2) 建立的安全生产责任制体系要与生产经营单位管理体制协调一致。

(3) 制定安全生产责任制要根据本单位、部门、班组、岗位的实际情况，明确、具体，具有可操作性，防止形式主义。

(4) 制定、落实安全生产责任制要有专门的人员与机构来保障。

(5) 在建立安全生产责任制的同时建立安全生产责任制的监督、检查等制度，特别要注意发挥职工群众的监督作用，以保证安全生产责任制得到真正落实。

各核电厂都要在现场施工安全管理程序和生产管理手册中对安全生产责任制落实作出规定。对电厂各级安全责任书的形式、内容和签订做出规定。

在建造期间，各核电厂工业安全管理部门要负责制定全公司乃至全施工现场安全生产目标。要编制本公司与各处（室）和现场各承包商的安全生产责任书，并负责签字和落实安全生产奖惩制度。

在核电厂运行和维修期间，工业安全管理部门负责制定公司安全生产目标和各处室安全生产目标，编制公司与各处室的安全生产责任书；组织公司与各处室安全生产责任书的签字工作等。

公司安全生产责任书一般分三级：一级是总经理、分管副总经理与各处室第一责任人；二级是各处室第一责任人与副职、科长、班组长；三级是各科长，班组长与员工。

安全责任制的检查考核：每年年初公司组织检查安全生产责任书签订情况，每年6月份公司组织检查安全生产责任制的执行情况；每年年终由公司组织，对各处室安全生产目标的实现和责任制的执行情况进行考核。

2.2.2　承包商的安全生产责任

承包商安全管理纳入核电厂安全管理体系，必须遵守核电厂的各项安全管理制度，其基本责任包括：电厂承包商的管理部门应遵守国家职业安全的法律、法规，遵守合同中所规定的职业安全相关的责任和义务，遵守核电工地承包商安全管理条例；负责提供本单位员工的个人劳动保护，其劳保用品必须符合国家、行业的相关规模，并保证其员工按核电厂的规定正确使用这些保护用品；建立符合核电厂基本要求（培训大纲、教材内容、教员资格等）的安全培训的授权体系；承包商必须保证从事国家规定的特种作业人员获得政府部门颁发的上岗证书，并将这些证书的复印件交保工业安全管理部门备案；承包商在核电工地内的作业设施的安全条件必须满足国家的安全法规和业主的安全规章，并维持其安全水平；承包商对自己带入工地的工器具的安全负责；对于特殊工器具，如起重设备、索具、机动车辆等，承包商必须按国家法规和标准进行检测、试验，并持有法定部门出具的检验合格证书。

承包商员工安全责任包括：遵守核电厂的相应安全程序、安全规定和根据承包活动所制定的特殊安全要求；服从电厂人员指导；接受和配合安全监督人员的检查和监督；发现不安全情况时，立即报告。

2.2.3 核电厂员工的安全生产责任

核电厂实行行政领导安全责任制，部、处、科的行政领导为职业安全第一责任人，在其所负责领域全面承担安全管理责任。

(1) 核电厂经理。电厂经理是核电厂全面实施工业安全政策的第一责任人，他必须根据中国的有关法律和政府规定，承诺维护电厂职工的安全和健康是核电厂管理的基本目标，并保证提供足够的资源以在核电厂实施全面有效的工业安全政策。

(2) 处长、科长。处长、科长的责任在于保证电厂的工业安全政策在分管的处、科内得到正确的实施。有效地完成工业安全方面所分配的任务，保证职工及时受到工业安全培训；监督工业安全方面所分配的任务的执行情况，保证这些任务以良好的质量和效率完成；保证所控制的工业安全相关设备、设施的正常功能及可用性，及时发现缺陷并及时纠正，保证其职工及时受到工业安全培训。

(3) 工作负责人。工作负责人必须落实在其负责的作业现场内的所有安全规定，并监督其工作组成员遵守安全规定。

(4) 员工(含承包商员工)。任何在核电厂工作的人员都必须在一切生产活动中，贯彻安全第一的原则。所负责任包括：保护自身安全；保证其工作不会影响其他同事的安全；发现不安全条件、不安全行为，并向其主管人员报告；遵守一切安全规定；拒绝执行任何人的违章指挥和强令的冒险作业。

(5) 工业安全管理部门。工业安全管理部门为电厂安全管理的职能部门，承担了安全方面服务、支持、控制、监督的功能。

服务：负责职能范围内的归口工作，如劳保防护用品、检测仪表等。

支持：根据各部门的要求，提供安全支持和管理支持，如组织专项培训，安全/健康咨询等。

控制：安全的关键点，如工作适应性，并实行现场巡检或旁站监督。

监督：厂区内各类/各单位人员的不安全行为和相关设施、设备的不安全状态实施随机监督。

2.3 安全生产教育和安全活动的要求

2.3.1 《安全生产法》对安全生产教育培训的规定

第二十条：生产经营单位的主要负责人和安全生产管理人员必须具备与本单位所从事的生产经营活动相应的安全生产知识和管理能力。

第二十一条：生产经营单位应当对从业人员进行安全生产教育和培训，保证从业人员具备必要的安全生产知识，熟悉有关的安全生产规章制度和安全操作规程，掌握本岗位的安全操作技能。未经安全生产教育和培训合格的从业人员，不得上岗作业。

第二十二条：生产经营单位采用的新工艺、新技术、新材料或者使用新设备，必须了解、掌握其安全技术特性，采取有效的安全防护措施，并对从业人员进行专门的安全教育和培训。

第二十三条：生产经营单位的特种作业人员必须按照国家有关规定经专门的安全作业培训，取得特种作业操作资格证书，方可上岗作业。特种作业人员的范围由国务院负责安全生产监督管理部门会同国务院有关部门确定。

第五十条：从业人员应当接受安全生产教育和培训，掌握本职工作所需的安全生产知识，提高安全生产技能，增强事故预防和应急处理能力。

为此，国家安全生产监督管理局发出安监管人字[2002]123号文件《关于生产经营单位主要负责人、安全生产管理人员及其他从业人员安全生产培训考核工作的意见》和[2002]124号文件《关于特种作业人员安全技术培训考核工作的意见》，对各类人员的安全培训考核做出了具体规定。

2.3.2　安全生产教育培训的对象和内容

（1）单位主要负责人每年应进行安全生产培训。最初的安全生产管理培训时间和每年再培训时间由各核电公司在程序中具体规定。

（2）安全生产管理人员每年应进行安全生产再培训。最初的培训时间和每年再培训时间由各核电公司在程序中规定。

（3）单位对新从业人员，应按公司、处室、班组三级安全生产教育培训规定执行。

公司级安全生产教育培训内容主要是：安全生产基本知识；本单位安全生产规章制度；劳动纪律；作业场所和工作岗位存在的危险因素、防范措施及事故应急措施；有关事故案例等。

处、室级安全生产教育培训内容主要是：本处室安全生产状况和规章制度；作业场所和工作岗位存在的危险因素、防范措施及事故应急措施；事故案例等。

班组级安全生产教育培训内容主要是：岗位安全操作规程；生产设备、安全装置、劳动防护用品（用具）的正确使用方法；事故案例等。

新从业人员安全生产教育培训时间按各核电厂程序规定执行。危险性较大的行业和岗位，教育培训时间按各核电厂程序规定执行。

（4）调整工作岗位或离岗一年以上重新上岗的从业人员。从业人员调整工作岗位或离岗一年以上重新上岗时，应进行安全生产教育培训。

单位实施新工艺、新技术或使用新设备、新材料时应对从业人员进行有针对性的安全生产教育培训。

（5）要确立终身教育的观念和全员培训的目标，对在岗的从业人员应进行经常性的安全生产教育培训。其内容主要是：安全生产新知识、新技术；安全生产法律法规；作业场所和工作岗位存在的危险因素、防范措施及事故应急措施；事故案例等。

（6）特种作业人员的安全生产教育。特种作业是指在劳动过程中容易发生伤亡事故，对操作者本人，尤其对他人和周围设施的安全有重大危害的作业，从事特种作业的人员称为特种作业人员。特种作业人员上岗作业前，必须进行专门的安全技术和操作技能的培训教育，增强其安全生产意识，并获得证书后才能上岗。

特种作业的范围包括：电工作业，金属焊接、切割作业，起重机械（含电梯）作业，企业内机动车辆驾驶,登高架设作业,锅炉作业(含水质化验),压力容器作业,制冷作业等等。

各核电公司生产质量手册中的《特种作业人员安全管理》中对公司需要取证人员范围和特种作业人员档案管理进行了规定。明确参加特种作业培训人员:维修部门从事起重机械(含电梯)作业、制冷作业、金属焊接切割作业类人员;以及低压班组从事电气作业人员;运行部门锅炉作业人员;调试管理部门电气组、仪控室从事电气作业人员;厂内机动车辆驾驶(含危险化学品运输)人员;各处室其他需要取证人员。其中保卫部门主要负责消防、交通类特种作业人员的取证和执行安全监督管理。核电公司各处室要及时将本处室特种作业人员取证的更新情况报工业安全管理部门归档。

2.3.3 安全生产教育培训的方法和形式

安全教育培训方法和一般教学方法一样,多种多样,各有特点。在应用中要针对培训内容和培训对象,灵活选择。安全教育可采用讲授法、实际操作演练法、案例研讨法、读书指导法、宣传娱乐法等。

经常性安全培训教育的形式有:每天的班前班后会上说明安全注意事项;安全活动日;安全生产会议;各类安全生产业务培训班;事故现场会;张贴安全生产招贴画、宣传标语及标志;安全文化知识竞赛等。

各核电厂所有员工只有通过培训并考试合格,才能获得工业安全授权。各核电公司、处室、班组都要开展各类安全活动。安全活动是班组工作的一项基本内容,它不仅可以使职工随时了解和学习上级的指示精神,而且能够使职工养成遵章守纪、杜绝违章的良好习惯,不断提高职工安全生产的自觉性和自我防护意识。内容可以是总结上周安全工作,进行岗位安全讲评,研究布置下周安全工作,学习安全相关文件、规程、事故案例,进行安全风险分析,讨论安全合理化建议等等方面的内容。

2.4 安全生产检查

安全检查是指对生产过程及安全管理中可能存在的隐患、有害与危险因素、缺陷等进行查证,以确定隐患和危险因素、缺陷的存在状态,以及它们转化为事故的条件,以便制定整改措施,消除隐患和危险因素,确保生产的安全。

安全检查是安全管理工作的重要内容,是消除隐患、防止事故发生、改善劳动条件的重要手段。通过安全检查可以发现生产经营单位生产过程中的危险因素,以便有计划地制定纠正措施,保证生产的安全。

各核电公司生产质量管理手册《工业安全检查》程序明确了安全监督管理部门和专兼职安全管理人员的职责、检查方式和检查内容,落实各处室在安全生产检查中的责任,对各级组织提出了安全检查工作要求。

程序应明确专兼职安全管理人员有权利和义务对核电厂各区域进行安全监督检查,对发现问题及时纠正,填发《事故隐患整改通知单》。安全管理人员有权调阅有关资料,对于重大事故隐患,责令暂停作业,隐患排除后,经审查同意后才可恢复生产。也有权对不符合安全要求的区域、人员、资料进行拍照和复印等。

2.4.1　安全生产检查的类型

（1）定期安全检查

定期检查一般是通过有计划、有组织、有目的的形式来实现的。如次/年、次/季、次/月、次/周等。检查周期根据各单位实际情况确定。定期检查的面广，有深度，能及时发现并解决问题。

（2）经常性安全检查

经常性检查则是采取个别的、日常的巡视方式来实现的。在施工（生产）过程中进行经常性的预防检查，能及时发现隐患，及时消除，保证施工（生产）正常进行。各处室安全管理人员也要进行日常安全检查工作。

程序要明确安全管理人员发现的事故隐患，现场难以立即整改的，填写《事故隐患整改通知单》，责任处室按要求整改。事故隐患整改通知单见表 2-4-1。

表 2-4-1　事故隐患整改通知单

发出部门：　　　　　　　　　　　　　　　　　　　　　　　　　编号：

检查员姓名			检查时间		年　月　日		
被检查单位			检查项目				
序号	位置	发现的缺陷（或不足）及整改要求	隐患分级		整改期限	改正时间及改正人	关闭时间及关闭人
			一般	重大			
签　发　人							年　月　日
被检查单位整改说明及领导签字						单位领导：	年　月　日
检查人确认关闭情况并签字							年　月　日

对于拒绝接受安全检查的个人或部门，给予通报，同时建议有关部门给予罚款、扣奖金、吊销安全授权等处罚。

公司安全检查记录要存放于公司网页上。请各级安全员注意查阅，及时处理。

（3）季节性及节假日前安全检查

由各级生产单位根据季节变化，按事故发生的规律对易发的潜在危险，突出重点进行季节检查。如冬季防火、防冻；夏季防暑降温、防热带气旋、防雷等检查。

由于节假日（特别是重大节日，如元旦、春节、劳动节、国庆节）前后容易发生事故，因而应进行有针对性的安全检查。

(4) 专项安全检查

专项安全检查是对某个专项问题或在施工（生产）中存在的普遍性安全问题进行的单项定性检查。对危险较大的在用设备、设施，作业场所环境条件的管理性或监督性定量检测检验则属专业性安全检查。专项检查具有较强的针对性和专业要求，用于检查难度较大的项目。通过检查，发现潜在问题，研究整改对策，及时消除隐患，进行技术改造。

主要针对重大系统调试活动、重要设备维修、换料大修、风险大的高处作业、特种设备吊装、危险化学品等进行专项安全检查。

(5) 综合性安全检查

一般是由主管部门对下属各企业或生产单位进行的全面综合性检查，必要时可组织进行系统的安全性评价。

2.4.2 安全生产检查的方法

安全检查就是通过访谈、查阅文件和记录、现场检查、仪器测量的方式获取信息。安全检查的具体内容主要是查思想、查管理、查隐患、查整改、查事故处理。

访谈：与有关人员谈话来了解相关部门、岗位执行规章制度的情况。

查阅文件和记录：检查设计文件、作业规程、安全措施、责任制度、操作规程等是否齐全，是否有效。

查阅相应记录：判断上述文件是否被执行。

现场观察：到作业现场寻找不安全因素、事故隐患、事故征兆等。

通过分析做出判断，掌握情况（获得信息）之后，就要进行分析、判断和检验。也可凭经验、技能进行分析、判断，必要时可以通过仪器、检验得出正确结论。

做出判断后应针对存在的问题做出采取措施的决定，即通过下达隐患整改意见和要求，包括要求进行信息的反馈。

整改落实：通过复查整改落实情况，获得整改效果的信息，以实现安全检查工作的闭环管理。

(1) 常规检查法

常规检查是常见的一种检查方法。通常是由安全管理人员作为检查工作的主体，到作业场所的现场对作业人员的行为、作业场所的环境条件、生产设备设施等进行的定性检查。安全检查人员通过这一手段，及时发现现场存在的安全隐患并采取措施予以消除，纠正施工人员的不安全行为。

(2) 安全项目表格化检查法

为使检查工作更加规范，使个人的行为对检查结果的影响减少到最小，常采用安全检查表格化法。

安全检查表(SCL)是为了系统地找出系统中的不安全因素，事先把系统加以剖析，列出各层次的不安全因素，确定检查项目。并把检查项目按系统的组成顺序编制成表，以便进行检查或评审，这种表就叫做安全检查表。安全检查表是进行安全检查，发现和查明各种危险和隐患、监督各项安全规章制度的实施，及时发现事故隐患并制止违章行为的一个有力工具。

安全检查表应列举需查明的所有会导致事故的不安全因素。每个检查表均需注明检查时间、检查者、直接负责人等，以便分清责任。安全检查表的设计应做到系统、全面、检查项目应明确。

（3）仪器检查法

机器、设备内部的缺陷及作业环境条件的真实信息或定量数据，只能通过仪器检查法来进行定量化的检验与测量，才能发现安全隐患，从而为后续整改提供信息。因此必要时需要实施仪器检查。由于被检查对象不同，检查所用的仪器和手段也不同。

2.5 安全监督组织机构及违章处理制度

核电厂的安全监督是通过电厂的安全委员会、电厂安全监督管理部门及基层班组工作负责人的工作予以实现的。

2.5.1 核电厂安全委员会

工业安全政策及管理大纲规定核电厂安全委员会的主要职能之一是监督和指导工业安全政策及方针的全面实施。

1. 组织机构

由核电厂总经理任主任，主要成员由高层管理代表、各部门主管等组成。

2. 职能和作用

（1）确保工业安全政策及管理大纲的执行；

（2）安全委员会是公司解决安全和职业健康问题的最高机构；

（3）建立衡量电厂工业安全水平的指标体系；

（4）根据电厂现行标准和其他电厂的可比标准，审查电厂工业安全水平。并对持续改进、提高电厂工业安全水平进行决策；

（5）对改进电厂安全状况或解决重大工业安全问题制定措施，并指定一名委员负责跟踪改进措施的执行情况。

3. 工作方法

（1）委员会会议：讨论、决定重大工业安全问题。

（2）指导：委员会指导并组织诸如讲座、录像、讨论会等活动，指导工业安全工作。

（3）安全活动：为促进企业安全文化建设，委员会授权主要职能部门经常组织“安全竞赛”、“安全月”、“安全无事故活动”等。

（4）委员会决定：委员会的决定都通过正常组织程序贯彻。必要时，委员会可指定专人，成立专门小组解决某个关键安全问题。

（5）主任（核电厂总经理）应安排足够经费，保证委员会工作。

2.5.2 核电厂常设安全管理与监督机构

各核电厂常设的安全管理机构主要包括核安全处、保健物理处或安防处、保卫处，这些部门按照职能要求实施电厂的日常安全管理和监督职责。所有主要的生产管理部门必须具体落实安全管理责任，建立和健全安全管理制度。质量保证处负责对电厂各安全管理部门的职责工作进行监督。

各核电厂应采取安全生产责任制层层落实的管理模式，各生产处室与公司总经理部签订安全生产责任书；各科室、班组甚至到个人再与本处室签订安全生产责任书，将各项安全生产指标进行分解、细化，逐级落实。

各核电厂主要安全监督管理部门职责如下。

(1) 保健物理处

1) 在核电厂安全委员会的指导下，确保公司工业安全政策及管理大纲和规程符合我国有关工业安全法规的最新要求；

2) 对核电厂工业安全工作提供充分有效的建议、支持和监督；

3) 评价、推动完善核电厂工业安全工作的新制度和新方法；

4) 编制、提供工业安全管理的各类统计数据，并及时予以公布；

5) 对公司员工进行工业安全培训。

(2) 核安全处

1) 负责按照核安全法规、最终安全分析报告和技术规格书的要求，对电厂生产活动实施核安全监督和管理；并组织和协调电厂内各部门配合完成核安全管理当局对电厂生产实施的监督检查活动。

2) 推进核电厂安全文化建设，提高安全文化整体水平。

(3) 保卫处

保卫处主要负责公司消防、保卫、治安、交通安全、危险化学品等安全管理工作。

(4) 质量保证处

质量保证处是公司质量保证和质量控制的归口管理部门。在安全管理方面主要监督各部门安全管理程序的实施情况，并代表总经理部审查电厂各部门安全管理工作的落实情况。

2.5.3 有关安全人员的监督作用

(1) 电厂专职安全管理人员

专职安全管理人员是电厂安全工作的监督人，其工作内容为：

1) 负责电厂工业安全政策、管理大纲和安全管理规定在其工作范围内的贯彻执行。

2) 对工作现场进行检查，协助工作负责人落实安全措施并监督执行情况。

3) 组织核电厂的安全工作，帮助或直接报告事故，参加或主持事故调查，组织安全竞赛、安全活动。

4) 监督安全器具的管理，协助并监督工作环境的安全管理。

5) 做好安全方面的上下和内外信息传递和沟通工作，传达上级指示，反映下层要求。

(2) 工作负责人

1) 对作业人员的安全负责并进行监督。对作业条件检查，安全关键点的检查，措施的落实。对作业人员进行安全教育，使其提高安全意识，在工作中有高度安全警觉性。

2）对作业现场安全负责。采取措施预防事故，防止造成作业以外人员的风险，负责现场围栏、警告牌、安全标志的设置；在作业完毕后恢复现场原条件；盖板复位，临时设施拆除。

2.5.4 对承包商的监督

（1）对承包商的安全管理要求

1）承包商必须遵守核电厂的工业安全规定。

2）承包商要确保其人员持有相应的授权，经过充分的工业安全培训，并清楚核电厂的安全规定。

3）承包商在开展工作之前应向各核电厂业主提交一份具体的工业安全管理方案，包括安全组织管理机构，职能的区分等，由工业安全管理部门审批。其配备的专兼职安全管理人员，负责现场的安全管理、监督并及时与核电厂工业安全管理部门接口。

4）承包商要向其工作人员提供适当的个人防护，如安全帽、安全鞋、手套等。

（2）核电厂工业安全人员的现场监督

1）各核电厂的工业安全人员或协调人员应对承包商工业安全负有监督职能。

2）核电厂工业安全管理部门对承包商人员要进行监督检查，发现违章，有权提出警告或中止其作业。

2.5.5 安全违章行为的处理制度

造成事故的主要原因是人的不安全行为，而一个企业在某一阶段，工作人员的不安全行为集中表现在对某些规章制度的违反，这一类不安全行为通常称为习惯性违章。

（1）习惯性违章

1）不按规定穿戴劳保用品，如安全帽、安全鞋等；

2）化学危险品作业不佩戴特殊劳保用品；

3）高空作业不佩戴安全带；

4）在系统设备上作业没有许可证和工作指令；

5）派人代领工作许可证；

6）作业现场长时间没有工作负责人；

7）不验证工作点而走错间隔；

8）非持证人员从事特殊工种的作业（脚手架工、起重工、焊接工、机动车驾驶员）；

9）作业后不清理现场，不恢复现场安全条件如孔洞盖板；

10）无证驾驶、超速驾驶、酒后驾驶、违章人货混载；

11）在禁烟场所吸烟；

12）违章动火作业；

13）违章存放、使用易燃液体；

14）违章在防火屏障上开孔；

15）违章动用消防设备。

（2）常见不良习惯

由于知识的、经验的、观念的原因，人们在长期的工作中，养成了一些固有的工作习惯或做法，而这些习惯却同样能带来安全隐患。这类隐患称为不良习惯。常见的不良习惯主要在以下方面。

1）工作服：将工作服敞开，不扣扣子；将工作服袖子、裤腿剪短；在工作服关节部位开口。

2）安全帽：不系下颏带；将下颏带挂到帽檐上；坐在安全帽上休息；工作中将安全帽放在一旁；敲打安全帽。

3）安全鞋：拖拉安全鞋，不系鞋带；将安全鞋当水鞋使用。

4）护耳器：对现场噪音提示标志不响应；在噪音场所工作，耳罩不戴在耳朵上。

5）防化服：简化防化用品配置；不按要求紧束防化保护服；嫌麻烦，将过滤式面罩去除。

6）安全带：站在脚手架上不系安全带；安全带挂在活动部件上；安全带扣在现场细管上或本身的绳上。

7）呼吸器：窒息环境只带测氧仪，不带呼吸器；不检验呼吸器泄漏情况；带入的呼吸器不背在身上，放置一旁。

8）测氧仪：不连续测氧；测氧仪报警，凭感觉认定为故障，不立即撤离；不爱惜测氧仪，使仪表进水、损坏。

9）动火作业：做动火作业不带动火证；未按要求采取措施或措施不完整；动火作业完毕不将灭火器放回原处；剩余易燃液体（或空瓶）随意丢弃。

10）打开防火屏障：防火门打开用绳子绑住；打开防火门用灭火器顶住；打开防火门不挂牌；穿孔许可证不挂在现场；揭开水封不恢复；开孔后不采取临时封堵措施。

11）消防设备：随意移动（挪走）灭火器，用后不放回原处；随意用消防水冲地（冲洗设备）；堆放物品堵塞（阻挡）通道，影响消防器材取用；踩踏消防管线、设备；将消防管用作脚手架承重管。

12）工作负责人：工作负责人不在工作现场；工作负责人派人取票；简化安全防护用品环节；工作不按要求监护；工作负责人不给班组成员交代安全事项和要求；工作完毕不清理现场。

13）工作现场：工作票不带在现场；不按要求设置工作区；不挂作业信息牌；工作点不铺垫，污染工作现场；工具、工件摆放杂乱；污水（含油、含化学品）乱倒；工作完毕后不清理现场；工作完毕后现场状态不恢复。

14）化学危险品：化学危险品和办公室物品堆放在一起；安全防护用品佩戴简化；工作前不检查应急冲洗设备水压。

15）起重作业：不建立起重作业区；工作完毕不将起重设备停放在指定位置。

（3）违章行为处理

生产部工业安全管理部门对现场工业安全实行全面安全监督，对违章或有不良工作习惯人员作如下处理。

1）发出《违章通知》或《整改通知单》，并记入安全业绩档案，见表 2-5-1。

2）对于带来直接危害的行为，将立即中止其工作。

3）具体员工违章处理可按各核电厂具体程序规定执行。

表 2-5-1 安全违章处罚通知单

<table>
<tr><td>姓名：</td><td colspan="2">证件名称与号码：</td><td colspan="2">部门(科值)/单位：</td></tr>
<tr><td colspan="5">违章类别：工业安全 □ 消防保卫 □ 其他 □</td></tr>
<tr><td colspan="5">违章情况简述：</td></tr>
<tr><td colspan="5">处罚依据：《安全生产奖励及处理规定》以下各款：</td></tr>
<tr><td colspan="5">处罚：
□ 停工培训：自____年____月____日____时至____年____月____日____时
□ 取消工作授权：自____年____月____日____时至____年____月____日____时
□ 公司通报批评
□ 仅承包商：取消进入电站资格：自____年____月____日____时
□ 仅承包商：建议承包商单位严肃处理，并将处理情况书面报告电厂
□ 仅承包商：退回原单位
□ 经济处罚（　　）元 （□ 直接交纳 □ 从合同款中扣除）
□ 其他(说明)：</td></tr>
<tr><td colspan="5">纠正要求(请纠正行动责任人在　　天内反馈纠正行动的落实情况给□ OPH/□ SSB)
纠正行动　　责任人
完成情况</td></tr>
<tr><td colspan="5">处罚执行单位/部门：□ 保健物理处，□ 保卫处，□ 承包商，□ 财务处，□ 合同处
□ 其他：</td></tr>
<tr><td colspan="2">处罚建议部门(起草)</td><td colspan="2">安全管理部门科长(审核)</td><td>安全管理部门处长(审批)</td></tr>
<tr><td colspan="2">姓名：　　日期：</td><td colspan="2">姓名：　　日期：</td><td>姓名：　　日期：</td></tr>
<tr><td>公司分管副总经理签字(执行)</td><td colspan="4">姓名：　　日期：</td></tr>
<tr><td colspan="5">执行情况跟踪(安全管理部门)</td></tr>
<tr><td>分发：</td><td colspan="4">□ 财务处 □ 合同处 □ 人力资源处 □ 公司部门： □ 承包商： □ 被处罚个人</td></tr>
<tr><td>存档：</td><td colspan="4">□ 财务处 □ 合同处 □ 公司部门： □ 承包商：</td></tr>
</table>

(4) 违章行为的报告与管理

任何发现违章行为的员工都有权并有义务制止违章者的不良行为，并向安全管理部门报告。报告的方式可以是填写 24 小时异常事件单，也可以直接用电话通知安全管理部门。对由于报告及时而避免重大事故的员工应给予表彰奖励。

安全管理部门收到报告后，根据需要对违章情况进行核实调查(如在无报告人姓名或事实描述不清的情况)，然后根据表 2-5-1 的要求填写处罚通知单。

安全管理部门在处罚通知单上填写处理意见，并经处长审批后，由公司分管副总经理批准，相关部门执行(如：职能处室、培训中心、合同处、保卫处、人事处等)。

违章者及其部门领导必须按照处罚通知单所规定的要求和时间期限落实纠正行动，若违章者对其处理持有不同意见，其有权向主管上级提出申诉。

(5) 承包商员工的违章处理

由公司直接负责管理承包商的安全管理人员，对其违章处理按有关程序执行。其违章处理的措施包括停工培训、取消进入电厂资格退回原单位，根据合同规定扣除合同付款。经济处罚的金额可参照有关程序执行。

(6) 奖励与表彰

各部门(处、科、值)按年度就执行安全规定情况进行小结。公司可对具体情况进行评比与表彰，奖励以精神为主，奖金为辅。

2.6 核电厂现场作业安全规定

作业现场的安全管理可以概括为对人的安全管理和对物的安全管理两个方面。电厂通过制定专项安全程序和作业标准，以达到规范作业过程和行为，消除生产作业场所中的不安全因素，创造安全生产作业条件的目的。

2.6.1 现场行为规范

安全生产最基本、最活跃的因素就是人，而企业员工的行为习惯是构成企业安全文化的基础，要保证企业安全文化的先进性，就必须首先对其行为习惯予以规范，电厂对进入厂区员工的着装、吸烟、就餐等基本行为要求进行严格的制度管理，这些制度称为电厂基本安全规定。

(1) 个人基本防护

个人基本防护用品是指保证现场工作人员的人身安全和健康的最基本的防护配备。电厂规定，进入运行相关厂房和在室外工作场所作业，包括进入控制区、到隔离办取票、到现场开会等，均须穿戴基本劳动保护用品。

进入电厂参观的人员在电厂人员陪同下，可以佩戴安全帽和穿安全鞋进入现场，但不得穿短裤、背心、裙子、拖鞋、高跟鞋进入现场。

清洁工、杂工可使用反光背心和帆布安全鞋作为工作服和安全鞋；脚手架工、保温工进入容器内作业不穿安全鞋，而以胶鞋作为工作鞋。

(2) 现场吸烟

作为一个消防重点单位，电厂对吸烟进行控制，所有工业性厂房内及室外作业现场均严禁吸烟，其他区域禁止在吸烟点以外游动吸烟。

在采取必要的防护措施之后，电厂在办公楼、行政厂房设置了部分吸烟点。

(3) 就餐与饮酒

为防止鼠类咬坏设备电线、电缆造成电源短路事件，电厂规定：进入现场不得在运行餐厅以外的场所吃、喝及带入食品及副食品。

为防醉酒后，由于行为失控而造成人员与设备事故，电厂规定：饮酒后，不得进入控制区大门以内区域。电厂在大门控制区等设置酒精监测点对饮酒者进行控制和监督。

(4) 用手机、对讲机

由于手机信号将对电厂控制设备带来影响，进而可能造成安全事故，厂区通信仅限使用固定通信装置，不得在工业厂房使用手机、对讲机等高频大功率通信设施。

2.6.2　作业现场管理

作业现场管理主要内容包括作业区的控制与管理、物料存放、特殊风险的控制与预防工作，它对实现作业安全条件起着决定性作用。

(1) 作业区要求

一个作业点(作业区)是构成整个作业现场的元素，管好安全的作业现场点，电厂的安全就得到了基本的保证。经过广大员工的共同参与及多年反复实践，电厂制定了作业区的安全管理基本要点，实现了作业区建立措施要求的标准化、规范化。

1) 张贴作业信息牌(如表 2-6-1 所示)并按要求填写工作单位、工作内容、负责人、联系方式(现场、办公等)。

2) 设置适当的警示牌标志和围栏、落实/检查安全措施(如：防异物、落物措施、孔洞打开后设盖板)。

3) 作业点下方设置辅垫，规划好设备材料摆放。

4) 工作完成后工作(试验)负责人负责恢复和清扫作业现场。

5) 交叉作业时，遵循上方作业保护下方的原则，必须指定一名作业协调人，明确现场边界、作业顺序、联络手段。不同专业使用一张工作许可证时，许可证签字的工作负责人为整个作业的负责人。

6) 临时电源：现场布置临时配电柜需经电气处批准，并采取相应安全措施，电缆过通道由各使用单位负责采取保护措施。

7) 文明施工：不踩踏取样管等非承重管线、设备、保温层不随意丢弃，垃圾按要求分类存放，及时清理现场。

表 2-6-1　作业信息牌

<table>
<tr><td>许可证号</td><td colspan="2"></td><td rowspan="5">现场基本安全规定：
1) 建立良好、规范的作业区域与环境(围栏、警示带、标志、照明、通风)；
2) 作业人员必须正确配置、使用合适的安全防护用品；
3) 特种作业(起重、容器作业、带压堵漏、动火等)严格按要求采取防护措施；
4) 涉及地井、盖板、栅格打开、必须设置围栏与警示标志；
5) 严格按许可证规定的内容、时间和范围作业；
6) 工作完毕恢复设备原状，全面清理作业现场</td></tr>
<tr><td>工作内容</td><td colspan="2"></td></tr>
<tr><td>工作期限</td><td colspan="2">自________至________</td></tr>
<tr><td>工作负责人</td><td>负责单位</td><td>联系电话</td></tr>
<tr><td></td><td></td><td></td></tr>
</table>

(2) 现场物料存放

在生产作业现场,除了机器设备的不安全状态外,生产所用的原料、材料、工具等,如果放置不当(位置不当,放置方法不当)也会构成物料的不安全状态。因此,现场作业物料的管理也显得非常重要,电厂是通过存放许可证的审批来进行控制的。对确因工作需要在现场存放物料超过一天的,必须办理《现场物料存放许可证》。

1) 办理现场物料存放的程序

申请者填报《现场物料存放许可证》,应写明存放的要求(物料种类、数量、存放期限、存放地点等),阐明存放的理由,注明存放区的安全负责人,经所在处处长签字认可。

存放地点所属的厂房经理和大修经理从安全运行/大修的角度审议该证书,并给出意见。

工业安全管理部门从消防和工业安全的角度审议该证书,并给出意见。

存放点证书若获得批准,负责人将原件送工业安全管理部门存档,同时将一份复印件挂在存放点。

获得证书后,申请单位指定的负责人将对物料存放点的安全负责。

2) 现场物料存放的注意事项

现场物料存放,除了考虑工业事故风险外,还应考虑可燃物引起的火灾隐患,因此,核安全相关系统的设备间及其邻近区域禁止存放任何物料;核岛内原则上只允许用金属脚手架。

其他厂房应尽可能使用金属脚手架,若确实需要使用木质脚手架,则必须进行阻燃处理。

(3) 危险化学品管理

在电厂的生产活动中,如果危险化学品管理不善,使用不当,会带来以下方面危害。

1) 使用中防护不当,有毒化学品可能通过呼吸吸入、皮肤接触及误食途径对人员造成直接伤害;

2) 易燃易爆化学危险品管理使用中操作不当,可能酿成火灾及爆炸事故;

3) 对用于系统设备上化学品质量和成分控制不当,可能造成设备部件直接和间接腐蚀;

4) 对进入核岛化学品成分控制不严,可能导致核岛一回路产生不希望的中子活化产物,增加一回路放射性污染;

5) 对化学品废物收集、管理、排放不当,造成环境污染危害。

核电厂非常重视化学品的管理和使用问题,在贯彻执行国家相关法律法规基础上,建立了一套符合本单位实际生产情况的化学危险品管理使用体系和风险评估机制,并在不断完善和持续改正之中。

• 运输装卸安全规定

由于危险物品性质不同,要求科学地安排运输以保证安全。一般要做到三定:即定点、定车、定人。以保证三个环节(即发货、装货、提货)安全。具体规定如下。

危险品进入厂区必须到工业安全管理部门办理危险品进入许可证,即《危险品准运证》。许可证由工业安全管理部门批准,将副本交保卫部门查验后,即可进入厂区。许可证可以多次使用(1 个月内),许可证核定的数量为单次运输最大量。

新购危险品运输应由厂家或化学危险品专业运输公司提供服务,并负责运输安全,电厂的接收部门提供相应的装卸场地、防护用品及应急措施。

从厂内化学危险品库向现场运送化学危险品，由电厂车队根据工作需要提供厂内危险品运输支持。

车队根据危险品运输安全需要，对车辆采取相应措施，派出取得特殊驾驶许可证的司机进行运输，并负责运输过程的安全。

电厂的危险品装卸人员应经过相应的安全培训，并在装卸时落实适宜的安全防护措施，佩带合适的特殊劳动保护。

- 危险品现场存放管理

国家对化学危险品的仓库存放安全要求制定详细规定，任何危险品的存放都不能违背这些原则。另外，如因工作需要，电厂允许在采取必要措施的前提下，在现场存放一些危险性小的化学危险品。但要办理特种化学危险品存放证。

存放地点所属的厂房经理和大修经理从安全运行/大修的角度审议该存放事宜，并给出意见。

工业安全管理部门从消防和工业安全的角度审议该存放事宜，并给出意见。如有必要，将根据存放点的火灾荷载来确定相应的消防措施。

存放点证书若获得批准，负责人将原件送工业安全管理部门编号、存档，同时将 1 份复印件挂在存放点。

获得证书后，申请单位指定专人负责存放点的安全。

- 危险品使用安全规定

核电厂很多系统和工作都用到了化学危险品，为保证人员、设备的安全，电厂对化学危险品的使用作了如下规定。

使用危险品或在危险品相关系统上操作、取样、检修的工作人员，必须经过培训授权，了解相关化学品的特性及应急防护措施。

必须持《工作指令》领取危险品，以满足当天工作需要为准，限量领取。对于易燃、易爆品，还必须持有《动火证》方可领取。动火证办理见相关程序的规定。

使用的化学危险品，其包装、标签必须完好。

使用时，应根据危险品的种类、特性及工作情况采取相应的通风、防火、防暴、防毒、隔离、清扫、检测等安全措施，并使用安全防护用具。

在工作区域设置警戒区，设置安全警告标志。

使用后剩余的危险品必须回收至危险品库，不允许随意倾倒、丢弃。

废弃危险品必须交由服务处进行处置。

特别说明：承包商自带化学品在电厂使用，其所带化学品必须经过 OPC 审核、批准。若是危险品，还必须办理危险品进入许可证。

2.7　核电厂特种作业人员安全知识(二级)

所谓特种作业是指容易发生人员伤亡事故，对操作者本人、他人及周围设施的安全有重大危害的作业。

从事特种作业的人员必须具备的基本条件：年满 18 周岁，身体健康没有禁忌症，具有一定的文化知识和安全知识，并经考核取得《特种作业人员操作证》。

特种作业人员的职业要求是：遵守国家和本单位的规章制度，遵守操作规程；正确使用劳动保护用品；正确使用作业工具，出现安全隐患，及时采取有效措施；努力学习业务技术，不断提高技术水平；拒绝违章指挥，制止他人违章行为。

各核电厂主要有下列特种作业：

- 电工作业
- 金属焊接和切割作业
- 起重机械作业（吊车工、起重工、电梯工）
- 高处作业（登高架设，高处悬挂）
- 厂内机动车辆驾驶（电瓶车、叉车、铲车、翻斗车）

下面就这几个方面的有关知识予以介绍。

2.7.1 电气安全

电是由燃料、水力、风力、核能等第一能源转变成的第二能源。电是最便利、最广泛、最便于输送、最有使用价值的能源。但是，用电也会给人们造成灾害事故。因此，我们要重视电气安全问题，学习电气安全知识，保证用电安全。

(1) 电流对人体的作用

电流通过人体，会引起针刺感、压迫感、打击感、痉挛、疼痛乃至血压升高、昏迷、心律不齐、心室颤动等症状，直至导致死亡。我们从事与电有关的作业要懂得电流通过人体时，伤害程度的大小与哪些因素有关，以便采取相应的安全措施。

1) 伤害程度与电流大小的关系

通过人体的电流越大、人体的生理反应越明显、感觉越强烈、引起心室颤动所需要的时间越短，致命的危险就越大。

感知电流：引起人的感觉（轻微麻抖和轻微刺痛）的最小电流称为感知电流。成年男性平均感知电流的有效值约为 1.1 mA；成年女性约 0.7 mA。感知电流一般不会对人体造成伤害，但当电流增大时，感觉增强，反应变大，可能导致坠落第二次事故。

致命电流：指在较短时间内危及生命的最小电流称为致命电流。电击致死的原因是比较复杂的。一般情况，电流越大，人体的生理反应越明显，危害性也越大。

小于 0.5 mA，不会被感知，是无反应的；0.5～40 mA，是感知电流区；40 mA 以上，生理反应明显，甚至十分严重。

2) 伤害程度与通电时间的关系

通电时间越长，愈容易引起心室颤动，电击危险越大。时间越长，危害越严重。

电流通过人体的时间小于 75 ms（人心脏周期），一般不会有生命危险。

通电时间愈长，人体电阻因出汗等原因降低，流过人体电流愈大，电击危险也随之增加。

3) 伤害程度与电流通过途径的关系

电流通过心脏：心室颤动、停止跳动、血液循环中断，导致死亡。

电流通过中枢神经：中枢神经系统失调，导致死亡。

电流通过头部：昏迷、脑损伤。

电流通过脊髓：截瘫。

这几种伤害，以通过心脏的伤害最为严重。在通电途径中，以胸一左手通路最危险，脑神经次之，四肢危险性较小。

4）伤害程序与电流种类的关系

25～300 Hz的电流对人体伤害最严重。

直流电流、高频电流、冲击电流和静电电荷对人体都有伤害作用，其伤害程度一般较工频电流（50～60 Hz）为轻。

除以上几种情况外，因为个体的差异，电流通过人体的伤害不同。不同条件下人体电阻不一样，电阻越小，通过人体的电流越大，越容易造成伤害。通过的电流一样，人们因人体电阻、性别、年龄、健康等情况不同，而危害程度相差较大。

（2）电气事故

触电一般是指人体触及带电体。由于人体触及带电体，电流对人体造成伤害。但在高压触电事故中，往往不是人体触及带电体，而是接近带电体至一定距离时，其间击穿放电造成的。电流对人体有两种类型的伤害，即电击和电伤。

1）电击

电击是指电流通过人体内部，破坏人的心脏、肺部以及神经系统的正常工作，直至危及人的生命。电击在人体表皮往往不留伤疤。

电击致死的主要原因是心室颤动或窒息。绝大部分触电死亡事故都是电击造成的。

2）电伤

电伤是指由电流的热效应，化学效应或机械效应对人体外部造成的局部伤害。电伤的损伤表现有2种，即电弧烧伤和电烙印。

在有些设备上操作时，要注意防止触电事故：如配电设备、架空线路、闸刀开关、熔断器、照明设备、携带式照明设备等等。

电气设备的外壳没有接地或接地不良，就容易发生触电事故；有的电气设备或电线绝缘不好，也容易发生触电事故；拉接临时电源，如果不按规定操作，更容易发生事故。无插头接线方式是绝对不允许的。

（3）安全用电

1）安全用电基本要素：电气绝缘；安全距离；安全载流量；明显、统一的安全标志。

2）检修作业安全距离

工作人员正常活动范围与带电设备的安全距离应大于表2-7-1规定的数值。

表2-7-1　人与带电设备安全距离一览表

设备电压/kV	距离/m	设备电压/kV	距离/m
6及以下	0.35	154	2.00
10～35	0.60	220	3.00
44	0.90	330	4.00
60～110	1.50		

3）用电安全措施

要达到安全用电，必须从设计、安装、运行、维护各方面采取预防性安全措施，以防止事故或限制事故后果。

在用电中，加强电气作业安全管理的同时，采取的安全措施，一般是：保护接地，防止高压窜入低压保护，保护接零，重复接地保护；装设熔断器，脱扣器，漏电保护装置；采用安全低电压等。

2.7.2 金属焊接和切割

焊接作业是一项特种作业，作业人员必须专门进行安全技术培训，经考试合格后持证方可上岗作业。

(1) 电焊作业对人体的危害

1) 电击事故。

2) 电焊弧光和电热伤害。

3) 机械性外伤：高处坠落、眼外伤和砸伤。

4) 有害气体和烟尘的伤害：氧化物、NO_X、O_3、含锰尘烟。

(2) 电焊作业的安全措施

1) 电焊机构和安全装置良好：绝缘、保护性接地或接零。

2) 焊接外露带电部分的良好隔离装置。

3) 空载电压高于规定值时采用空载自动断电装置。

4) 雨天禁止露天电焊作业。

5) 穿戴规定的防护用品：绝缘手套、绝缘工作鞋或加垫绝缘物。

(3) 禁止进行焊接作业的情况(十不准)

1) 无证人员从事焊接作业的。

2) 无动火证的。

3) 不了解焊接作业现场的。

4) 不了解焊接容器、管道内部是否安全的。

5) 未清洗、置换有可燃气、液体的设备。

6) 未采取隔离措施的。

7) 承压、密封容器管道未卸压、未敞开的。

8) 附近有易燃、易爆物品而无任何预防措施的。

9) 有明显其他危险而无预防措施的。

10) 与附近其他工作有影响的。

2.7.3 起重作业

核电厂在安全壳内有环形吊车，在海水泵房、汽轮发电机组大厅、燃料贮存厂房等都配有大型桥式吊车。

(1) 桥式起重机及其安全装置

桥式吊车由大车和小车两部分组成。大车包括桥梁、大车运行机构和司机室等。小车包括小车架、起升机构和小车运行机构等。

此外，还有电器及控制设备。

为保证起重机的安全运行，装备有如下安全装置：

1）制动器在需停止动作时，能使其准确停止，制动器必须可靠；

2）限位开关有行程和起升限位两种；

3）缓冲器吸收小车、大车与终点立柱相撞时的能量；

4）超负荷限制器防止起重机超负荷作业；

5）其他安全装置，包括信号、各种门锁开关、紧急开关、防护栏杆、防护罩、供电滑线的安全防护挡板和车轮安全防护挡板等。

（2）起重机的主要附件

1）钢丝绳

安全系数一般不小于5.5，核电厂由于起重机使用频率不大，安全系数不小于5就可以。

2）吊钩

通常用20号优质碳素钢整体锻造而成，吊钩不得有裂纹、重皮、过烧、毛刺缺陷。铸造、焊接的吊钩不得在起重机上使用。

（3）安全操作要求

驾驶人员必须按规程要求操作，做到"五好"、"十不吊"：五好是：思想集中好，上下联系好，机器检查好，扎紧提放好，统一指挥好。十不吊是：斜吊不吊；超载不吊；散物装得太满不吊；绑扎不牢不吊；指挥信号不明不吊；吊物边缘锋利无防护措施不吊；吊物上站人不吊；埋在地下的构件不吊；安全装置失灵不吊；光线阴暗看不清吊物不吊以及歪拉斜掛重物体不吊。

2.7.4 高处作业

凡在坠落高度距基准面2 m以上（含2 m）有可能坠落的高处进行的作业，均称为高处作业。

（1）在核电厂有高处坠落危险的典型场所

1）高大设备顶部：如安全壳、贮罐、变压器、立式电动机、悬空管道或泵、高大支架等。

2）梯子上的作业。

3）竖井、孔洞有关的作业。

4）高架线杆、线塔上的作业。

（2）高处作业人员防护用品要求和安全要求

1）防护用品的要求：必须佩戴好安全带、安全帽并符合规范；穿软底鞋；扎紧袖口、裤脚和鞋带；所有登高工具、高处作业工具必须经检查合格。

2）高处作业的安全要求

• 作业前采取可靠的安全措施；

• 尽量减少手脚攀登，采用升降平台，降低高处作业人员风险；

• 用梯子登高时，梯子必须符合标准，并有人保护；

• 为防止工具从高处落下发生意外，用工具袋携带，必要时将工具用绳拴在腕部或固定在高处；

• 高处作业点设置工作平台和围栏，保证作业人员的安全；

• 在作业点下方设置符合标准的安全网；

• 所有登高工具、高处作业工具必须合格；

• 高处作业搭建的脚手架必须符合安全要求，并有合格证等等。

2.7.5 厂内机动车辆驾驶

厂内机动车，包括电瓶车、叉车、铲车、翻斗车等，其驾驭人员应进行考核，取得驾驶证者才能驾驶厂内机动车，无证人员及驾驶证过期者不得驾驶。厂内机动车驾驶人员的考核取证按《特种作业人员的培训考核管理》办理。

厂内机动车一般每两年检验一次，没有检验或检验期超过两年者，不得使用。

2.8 特殊作业的安全管理(二级)

核电厂生产质量管理手册《特殊作业的安全管理程序》规定特殊作业的安全管理。特殊作业：在电站生产活动中有可能带来重大人身伤害风险的作业。

特殊作业现场只能有一个工作负责人，要求工作负责人：

(1) 常驻工作现场(如需短时离开应指定临时工作负责人)，建立工作区(在带放射源的设备上工作，须设置相应的警示标志和围护措施)；

(2) 清楚工作过程中各阶段风险及防范措施；

(3) 清楚现场环境或相关设备的状态(如关键点)；

(4) 作业前、作业中、作业后采取必须的特别安全措施；

(5) 建立并保持工作组成员之间的联系，指导工作组成员按照安全规程操作；在运行相关设备上的特殊作业，应建立并保持与主控制室的联系。

特殊作业工作票分特殊作业许可证和高风险作业许可证。工作负责人应根据作业范围及具体风险办理相应特殊作业工作票。

2.8.1 特殊作业许可证

凡是与机组运行相关，且作业包含以下原因(风险)时，应办理特殊作业许可证(PX 作业许可证)(见表 2-8-1)。

1. 工作点设备电源不能隔离；

2. 工作点设备介质不能实行全部隔离；

3. 需要多次反复隔离和解除隔离；

4. 需要采取与设备正常功能相异的工艺(如蒸汽发生器堵管)；

5. 在温度超过 40 ℃环境下连续超过 30 min 的作业；

6. 离坠落基准面大于 10 m(涉水高空大于 2 m)，且无法按照常规形式落实相关安全措施的高空作业；

7. 进入地井、密室、容器内，存在有毒有害气体、窒息、触电风险的作业；

8. 在噪声强度大于 115 dB 场所连续工作超过 1 h；

9. 潜水作业；

10. 其他高风险作业。

表 2-8-1　特殊作业许可证(参考格式)

<table>
<tr><td colspan="2">××核电厂
特殊作业许可证(特殊)</td><td colspan="3">编号:特殊________
□ 基本　□ 子票
主要编号:特殊________</td></tr>
<tr><td colspan="5">机组编号:　　　　作业计划开始时间:
计划结束时间:
工作点设备名称　　　　工作点设备代码</td></tr>
<tr><td colspan="5">1. 工作点设备的状态要求:</td></tr>
<tr><td colspan="5">2. 作业分阶段(工序名称)　实施方式(注)　　作业风险(窒息、触电、烧伤等)
1)
2)
3)
注:实施方式包括容器管道外/内作业,地下井、坑、池、通道内作业,电气设备打开的作业等</td></tr>
<tr><td colspan="5">3. 作业组织
工作负责人姓名:________单位:________作业协调人姓名:________单位:________
作业组人数:________单位:________指定的安全员姓名:________单位:________</td></tr>
<tr><td colspan="5">4. 作业安全措施
1) 作业前验证关键点
2) 设置作业现场安全措施:(具体说明)
3) 特殊劳动保护措施:(具体说明)
4) 作业监护措施:(具体说明)
5) 事故后应急措施:(具体说明)
6) 针对不同作业阶段,实施方式和作业风险的其他安全措施:
注:对于各项措施应说明执行的阶段,即作业前、作业中、作业后</td></tr>
<tr><td>5. 作业期间紧急通讯
TEL:(机号)</td><td>工作负责人</td><td></td><td>日期</td><td></td></tr>
<tr><td colspan="2">1. 机组状态:</td><td colspan="3" rowspan="2">3. 风险:
1) □ 工作点设备可能有介质流入:
介质性质:________
□ 非危险品　□ 危险品
介质物理参数:温度________
压力________
2) □ 工作点设备可能停电:
电压________ AC、DC
3) □ 其他(具体说明)</td></tr>
<tr><td colspan="2">2. 特殊原因
□ 工作点设备的电源不能隔离
□ 工作点设备的介质不能全部隔离
□ 工作点设备的介质不能实行加强隔离
□ 需要多次反复隔离和解除隔离
□ 需要采取与设备正常功能相异的工艺
□ 其他(具体说明)</td></tr>
</table>

续表

<table>
<tr><td colspan="5">4. 安全措施：
1）隔离措施（见所附隔离边界单：N0＝　　　　）
2）注意事项：

3）有效临时运行指令/要求：
4）其他（具体说明）</td></tr>
<tr><td rowspan="3">5）作业期间运行紧急通讯
TEL：（机号）</td><td>机组值长</td><td></td><td>日期</td><td></td></tr>
<tr><td>运行处负责人</td><td></td><td>日期</td><td></td></tr>
<tr><td colspan="4"></td></tr>
<tr><td colspan="5">OPH 审查意见</td></tr>
<tr><td colspan="5">1. 风险补充：

2. 安全措施补充：</td></tr>
<tr><td rowspan="2">3. 作业期间保健物理处的紧急通讯：
TEL：（机号）</td><td>工业安全工程师</td><td></td><td>日期</td><td></td></tr>
<tr><td>保健物理处负责人</td><td></td><td>日期</td><td></td></tr>
<tr><td colspan="5">批　　准</td></tr>
</table>

作业责任处负责人		公司主管领导	
日期		日期	

2.8.2 高风险作业许可证

在与机组运行不相关的系统或区域内进行存在重大人身伤害风险的作业，并且按照常规作法无法满足安全要求时，应办理《高风险作业许可证》（见表 2-8-2）。

表 2-8-2 高风险作业许可证（参考格式）

<table>
<tr><td>××核电厂</td><td>高风险作业许可证</td><td>编号＿＿＿＿＿＿
作业项目编号＿＿＿＿＿＿</td></tr>
<tr><td>工作描述</td><td colspan="2">机组编号：　　　　作业计划开始时间：
厂房　　　　计划结束时间：
主要设备：
作业内容描述：</td></tr>
</table>

续表

<table>
<tr><td>作业类型</td><td colspan="6">□ 密闭空间(容器、管道、地井、密室)
□ 高处作业(地面上____ m,水面上____ m)
□ 高温环境作业(环境温度____℃,连续工作时间____ h)
□ 噪声环境作业(环境噪声____(dB),连续工作时间____ h)
□ 带压力作业、试验(压力________)　□ 带电作业
□ 危险化学品相关作业　□ 特种起重、吊装作业　□ 潜水作业
□ 其他</td></tr>
<tr><td>危害因素</td><td colspan="6">□ 中毒　□ 窒息　□ 触电　□ 灼烫　□ 高处坠落　□ 物体打击　□ 淹溺　□ 高温　□ 噪声
□ 机械伤害　□ 起重伤害　□ 化学品伤害　□ 其他:</td></tr>
<tr><td>作业组织</td><td colspan="6">工作负责人:________________部门:________________联系电话:________________
作业班组人数:________________现场安全员:________________联系电话:________________</td></tr>
<tr><td>作业安全措施(可加附页)</td><td colspan="6">1) 作业前期验证关键点
2) 设置作业现场安全措施:
3) 特殊劳动保护措施:
4) 作业监护措施:
5) 事故后应急措施:
6) 针对不同作业阶段,实施方式和作业风险的其他安全措施:</td></tr>
<tr><td colspan="2" rowspan="2">作业期间紧急通讯:
TEL:(机号)</td><td>工作负责人</td><td></td><td>日期</td><td colspan="2"></td></tr>
<tr><td>作业责任处负责人</td><td></td><td>日期</td><td colspan="2"></td></tr>
<tr><td colspan="2">保健物理处审查意见</td><td colspan="5">风险、安全措施及要求:</td></tr>
<tr><td colspan="2" rowspan="2">作业期间保健物理处紧急通讯:
TEL:(机号)</td><td>工业安全工程师</td><td></td><td>日期</td><td colspan="2"></td></tr>
<tr><td>保健物理处负责人</td><td></td><td>日期</td><td colspan="2"></td></tr>
</table>

2.9　特殊作业的安全要点(二级)

2.9.1　特种运输作业

特种运输作业主要指大件运输、危险化学品运输、重要设备运输。要求:

(1) 特种运输作业必须制定专项运输工作程序;

(2) 工作负责人应向起重、装卸、运输人员提供一切相关信息,包括物料的重量、尺寸、外形、性质、装卸地点等;

(3) 必须由专业持证人员负责物料的起重、装卸、固定、运输;

(4) 工作负责人负责现场的安全监督和协调,包括现场物料清理和人员控制、警示标志的设置等。

2.9.2 特种起重作业

特种起重作业主要指大型非对称设备的起重。要求:

(1) 起重作业必须制定专项吊装工作程序,必须由专业持证人员进行指挥、司索、起重设备操作等工作;

(2) 工作负责人应向起重指挥提供一切相关的信息,包括被吊设备的尺寸、重量、形状、吊起后摆放的位置和姿态等;

(3) 工作负责人负责现场的安全监督和协调,包括现场物料和人员的清理、警示标志的设置等。

2.9.3 潜水作业

(1) 潜水作业必须由专业授权人员执行,并使用专项技术程序;

(2) 工作负责人必须取得适当的工作许可证;

(3) 工作负责人必须向潜水人员提供一切相关的信息,包括作业的要求和内容、水下设施、设备的情况、作业时可能出现的意外工况、附近水域的情况等;

(4) 潜水专业人员负责准备和使用潜水设备,负责设置监护人员和救生设备,负责水上水下的通讯联络;

(5) 工作负责人负责现场的协调,包括与运行人员的联络、现场物品物料和人员的清理及控制、警示标志的设置等,并按照潜水负责人的要求作好其他相关工作。

2.9.4 压力容器打压试验

(1) 取得适当的许可证,建立现场作业区,封闭进入打压设备区域的所有通道;

(2) 打压区域禁止任何无关项目的工作;

(3) 严格按专项工作程序试验;

(4) 压力源必须处于连续的监控状态;

(5) 保持试验压力阶段,禁止一切检查和维修活动。应待压力降到规定的检查压力后,才可进行检查活动;

(6) 打压试验装置必须设有安全阀或超压保护装置。

2.9.5 带压拆保温材料

(1) 取得适当的工作许可证,建立现场作业区,禁止非工作人员进入;

(2) 与运行人员、检修人员一起确认拆除保温层的具体位置;

(3) 必要时搭制工作平台,保证作业人员有足够的退让空间;

(4) 作业人员必须穿戴防汽水喷溅的隔热防护用品;

(5) 必须设置专人监护;

(6) 若要扩大拆除范围,则应先建立工作平台,并通知运行人员,办理工作许可证变更后进行;

(7) 如果发现泄漏严重，应立即停止作业，通知运行人员。

2.9.6　带压堵漏

(1) 取得特殊作业许可证，编制安全指令和工作方案；

(2) 建立现场作业区和作业平台；

(3) 指定专职安全监护人员；

(4) 检查堵漏工具，确保可用；

(5) 穿戴隔热防护用品。

2.9.7　地井、密室、容器内作业

(1) 取得隔离许可证，建立现场作业区；

(2) 验证关键点，尤其是泄压、排放；

(3) 对储存危险化学品的容器，必须进行吹扫和检测；

(4) 定时(最长间隔不得超过 2 h)测量容器内温度(<40 ℃)、含氧量(>19%)、有毒有害气体等，并认真做好记录；

(5) 必要时建立强制通风、设置两个通风口(进出风道)；

(6) 金属容器内只能使用加强绝缘的Ⅱ类电动工具，装设额定动作电流不大于 15 mA/动作时间不大于 0.1 s 的漏电保护器。漏电保护器、电源联结和控制箱等应放在容器外；

(7) 金属容器内，行灯电压不超过 12 V，行灯变压器放在容器外；

(8) 在高大容器内部构件上作业时或在梯子上作业时，必须使用安全带和安全绳；

(9) 在容器内交叉作业或高处作业时，所有手动工具都应采取防落物措施；

(10) 必须始终设有专职监护人。监护人必须留在容器外，并能与容器内作业人员联系；

(11) 危险作业场所(可能有危险液体侵入)，则必须设置两个监护人，并配备救生设备；

(12) 容器内若要焊接、打磨、使用危险化学品，制定专门安全措施，并必须通知安全监督管理人员进行必要监督；

(13) 容器内作业，穿戴连体服、软底鞋或其他适当的劳动保护，同时采取必要防异物措施；

(14) 作业中断时，必须清点作业人员和工具/材料，并临时封闭人孔，悬挂警示标志；

(15) 作业结束时，必须清点作业人员和工具/材料，并封闭人孔。

2.9.8　交叉作业(不同专业同一地点)

(1) 必须书面明确安全措施及落实的责任部门或责任人；

(2) 必须指定一名作业协调人，明确现场作业边界、作业顺序、联络手段；

(3) 禁止同时进行安全上不相容的作业，如使用易燃液体的作业和明火作业、脚手架搭制作业与试验作业等；

(4) 不同专业使用一张工作许可证时，许可证签字的工作负责人为整个作业的负责人，任何其他专业的人员均应视他的作业组成员，听从其安排、调度，而不得擅自作业。

2.9.9 高温环境作业

(1) 采取临时通风等措施；

(2) 组织人员轮流作业；

(3) 设立监护人，禁止2人以下作业；

(4) 严禁在有压力或内部介质温度在70 ℃以上的管道和容器上进行检修工作；

(5) 工作环境温度超过50 ℃时，禁止工作。若确有必要，则必须制定专门的安全措施，如使用冰背心、医务人员驻现场等；

(6) 严格按照下表2-9-1中明确的时间安排高温环境下的作业。

表 2-9-1 高温作业允许持续工作的时间

工作地点温度/℃①	轻劳动/min②	中等劳动/min②	重劳动/min②
34～36	60	50	40
>36～38	50	40	30
>38～40	40	30	20
>40～42	30	20	15
>42～44	20	10	10

注①：表中所指温度均为干球温度。高温作业工作地点空气湿度大于75%时，空气湿度每增加10%，允许持续工作的时间相应降低一个档次，即采用高于工作地点温度2 ℃的时间。

②：轻、中、重劳动的判别标准：脉率小于92次/min者，为轻劳动，93～110次/min者为中等劳动，超过110次/min为重劳动。

按上述持续工作相应的时间后，安排必要的脱离热环境的休息，休息时间不得少于15 min。

复习思考题

(1) 在建核电厂主要工业安全事故有哪些(回答要有10种以上)？

(2) 简要描述在役核电厂工业安全的4项主要危险。

(3) 安全监督的作用是什么？

(4) 安全监督人员包括哪些人？

(5) 试举出5种常见的习惯性违章和不良习惯。

(6) 基本个人安全防护用品包括哪几样？

(7) 现场存放物料应办理什么证？如何办理？

(8) 危险化学品进入厂区应办理什么证？如何办理？

(9) 危险化学品到现场存放应办理什么证？

(10) 对从事特种作业的人员要求具备哪些基本条件？

(11) 对从事特殊作业工作的人员要办理哪两种许可证？

第三章　核电厂易发生的工业安全事故及其原因分析

3.1　核电厂易发生的工业安全事故及其分类

3.1.1　核电厂工业安全事故防范的基本原则

作为一个具有复杂工艺流程的大型工业企业，存在着众多的危险源，由于事故的发生是一个动态的过程，具有随机性、偶然性，在不同的工作过程中，不同的时期，不同的条件下，其出现的方式也不同，因此核电厂包含了众多的事故模式。为保证各个环节的绝对安全；只要对影响安全的主要方面、关键因素予以防范，采取正确的措施，就能保证实现尽可能低的安全事故。例如：一个简单的有较小坠落风险的高处作业，不一定为了防止坠落而搭制脚手架，有可能仅使用安全带、安全绳，这样即使发生坠落，也能保证人员不受到伤害。

核电厂虽然存在众多的事故模式，但经过多年的统计分析，我们发现绝大多数工业安全事故和未遂事件都集中表现为几类事故模式。根据统计结果，再结合行业特点和同行的经验，我们把这些事故模式定义为电站的常见工业事故。常见工业事故包括：坠落、落物、伤害事故、起重事故、交通事故、触电事故、工具伤害事故、厂房环境及设施伤害事故。

3.1.2　工业安全事故分类

(1) 按事故致害原因和状态分类

依据国家标准《企业职工伤亡事故分类》(GB 6441—86)，按事故类别即按致害原因和状况进行的分类如下(共计事故类别 20 种，其中矿业界特有的冒顶片邦，透水和瓦斯爆炸未计入本教材中)。

1) 物体打击(不包括爆炸引起的物体打击)：指失控物体的惯性力造成的人身伤害事故。

2) 车辆伤害：指本企业机动车辆引起的机械伤害事故。

3) 机械伤害：指机械设备或工具引起的绞、碾、碰、割、戳、切等伤害。但不包括车辆、起重设备引起的伤害。

4) 起重伤害：指从事各种起重作业时发生的机械伤害事故，但不包括上下驾驶室时发生的坠落伤害和起重设备引起的触电以及检修时制动失灵引起的伤害。

5) 触电：由于电流流经人体导致的生理伤害。

6) 淹溺：由于水大量经口、鼻进入肺内，导致呼吸道阻塞，发生急性缺氧而窒息死亡的事故。它适用于船舶、排筏、设施在航行、停泊、作业时发生的落水事故。

7) 灼烫：指强酸、强碱溅到身体上引起的灼伤，或因火焰引起的烧伤，高温物体引起的烫伤，放射线引起的皮肤损伤等事故；不包括电烧伤及火灾事故引起的烧伤。

8）火灾：指造成人身伤亡的企业火灾事故。不适用于非企业原因造成的、属消防部门统计的火灾事故。

9）高处坠落：指由于危险重力势能差引起的伤害事故。适用于脚手架、平台、陡壁施工等场合发生的坠落事故，也适用于由地面踏空失足坠入洞、沟、升降口、漏斗等引起的伤害事故。

10）坍塌：指建筑物、构筑物、堆置物等倒塌以及土石塌方引起的事故。不适用于矿山冒顶事故及因爆炸、爆破引起的坍塌事故。

11）放炮：指由于放炮作业引起的伤亡事故。

12）火药爆炸：指火药与炸药在生产、运输、贮藏过程中发生的爆炸事故。

13）锅炉爆炸：指锅炉发生的物理性爆炸事故。适用于使用工作压力大于 0.07 MPa，以水为介质的蒸汽锅炉，但不适用于铁路机车、船舶上的锅炉。

14）受压容器爆炸：指压力容器破裂引起的气体爆炸（物理性爆炸）以及容器内盛装的可燃性液化气在容器破裂后立即蒸发，与周围的空气混合形成爆炸性气体混合物遇到火源时产生的化学爆炸。

15）其他爆炸：可燃性气体煤气、乙炔等与空气混合形成的爆炸；可燃蒸汽与空气混合形成的爆炸性气体混合物（如汽油挥发）引起的爆炸；可燃性粉尘以及可燃性纤维与空气混合形成的爆炸性气体混合物引起的爆炸；间接形成的可燃气体与空气相混合，或者可燃蒸汽与空气相混合遇火源而爆炸的事故；炉膛爆炸、钢水包、亚麻粉尘的爆炸等亦属“其他爆炸”。

16）中毒和窒息：指人接触有毒物质或呼吸有毒气体引起的人体急性中毒事故，或在通风不良的作业场所，由于缺氧有时会发生突然晕倒甚至窒息死亡的事故。

17）其他伤害：指上述范围之外的伤害事故，如扭伤、跌伤、冻伤、野兽咬伤等等。

（2）按事故严重程度分类

根据国务院 493 号令《生产安全事故报告和调查处理条例》第三条的规定，造成的人员伤亡或者直接经济损失事故一般分为以下等级。

1）特别重大事故，是指造成 30 人以上死亡，或者 100 人以上重伤（包括急性工业中毒，下同），或者 1 亿元以上直接经济损失的事故；

2）重大事故，是指造成 10 人以上 30 人以下死亡，或者 50 人以上 100 人以下重伤，或者 5 000 万元以上 1 亿元以下直接经济损失的事故；

3）较大事故，是指造成 3 人以上 10 人以下死亡，或者 10 人以上 50 人以下重伤，或者 1 000 万元以上 5 000 万元以下直接经济损失的事故；

4）一般事故，是指造成 3 人以下死亡，或者 10 人以下重伤，或者 1 000 万元以下直接经济损失的事故。

各核电厂还可以在下细分为：重伤事故、轻伤事故、未遂事故、异常事件等。

3.2 常见工业安全未遂事件

核电厂有下列情况之一的均属工业安全未遂事件：

（1）隔离措施不完善，如泄压、疏水不彻底或阀门未关严，未上锁等，出现明显的伤害危险但未造成严重后果；

(2) 走错间隔且有明显人身伤害风险但未造成严重后果；

(3) 无许可证作业，错用许可证作业，工作已经开始或进行之中被发现；

(4) 进行风险较大的作业时(如高空作业、使用危险品作业、容器内作业、搬运作业、坑洞内作业等)未采取有效的防护措施，已出现明显的伤害危险；

(5) 造成人员失足、失手、身体不适的作业条件，如孔洞、照明、通风、地面并已给人员带来明显伤害危险的情况；

(6) 有较大潜在后果的操作失误，如空中落物、危险品倾翻/泄漏已给人员造成伤害危险；设施、设备的专设安全保护装置(如格栅、盖板、围栏、竖梯、扶手、转动部分护罩)被拆除，并对人员构成明显伤害危险；

(7) 作业中重要安全器具发生严重故障，如起重设备和器具、焊接器具、临时供电器具、脚手架、运输器具、电动/液压/手动工具、个人防护用品等存在严重质量问题，且对作业人员已构成明显的伤害风险；

(8) 经安全管理部门认定的对人身有重大伤害危险的事件。

3.3 事故报告制度

下列情况各核电厂可规定要报告工业安全管理部门。

(1) 对于任何工业安全事故/事件，当事部门都应通过事件报告单，在 24 h 内报告；工业安全记录事故及以上事故，还应编写报告，并在 20 日内报工业安全管理部门，涉及未完事项的可再补充填报；

(2) 凡发生人员伤害(含记录事故)事故，事故现场人员或事故当事人应立即口头报告本部门(处、值、科)负责人和工业安全管理部门，在因打架斗殴或怀疑人为故意酿成的事故、与交通安全相关的事故情况下，还应通知保卫处；

(3) 在发生重伤及以上事故情况下，事故发生部门(处)责任人和工业安全管理部门应立即报告人事处、电厂值长和公司领导；公司分管安全领导应责成工业安全管理部门和人事处立即报告中核集团公司，死亡及以上事故需立即报告当地政府部门(劳动部门、公安部门、人民检察院、安全监督管理部门、工会)；

(4) 如发生重大及以上的电网事故、设备事故、火灾事故、220 kV 及以上电压等级的电气恶性误操作等事故，运行处、维修处、仪控室、保卫处等相关处室需根据职责范围立即向工业安全管理部门报送相关信息，时间不得超过 8 h；

(5) 承包商单位应定期将员工伤亡及相关处理情况书面报告保健物理处，凡发生重伤及以上工业安全事故，事故现场人员或其安全管理部门应立即口头报告业主工业安全管理部门。

3.4 工业安全事故产生原因分析(二级)

事故原因常可分为直接原因和间接原因。直接原因又称为一次原因，是在时间上最接近事故发生的原因，通常又进一步分为两类：① 物的原因，即物的不安全状态；② 人的原因，即人的不安全行为。人的不安全行为和物的不安全状态是造成绝大多数事故的两个潜在的不安全因素，通常也称为事故隐患。间接原因是指直接原因得以存在和发展的原因。

3.4.1 人的不安全行为

人的不安全行为通常指有可能造成事故的人的失误。统计规律告诉我们，人的不安全行为造成的事故约占88%，因此纠正人的不安全行为，克服人的不安全因素是保证安全的主要措施。

(1) 不安全行为分类

在实际的工业生产中，人的不安全行为是多种多样的。我国为了规范工业安全管理，将可能导致职工伤亡事故的不安全行为分为13类：

Ⅰ类：操作错误、忽视安全、忽视警告。

Ⅱ类：造成安全装置失效。

Ⅲ类：使用不安全设备。

Ⅳ类：用手代替工具操作。

Ⅴ类：物体存放不当。

Ⅵ类：冒险进入危险场所。

Ⅶ类：攀、坐不安全位置。

Ⅷ类：在起吊物下作业、停留。

Ⅸ类：机器运转时在机器上进行不适当的作业。

Ⅹ类：有分散注意力的行为。

Ⅺ类：忽视使用个人防护用品。

Ⅻ类：不安全装束。

XIII类：对易燃易爆危险化学品处理错误。

还可以举出一些：如责任不清，各行其是；班前喝酒、疲劳作业；无证、无监督动火；打开孔洞不恢复、不设栏；违规、随意或强行指挥等。

人的不安全行为源于人的不安全因素，如：

1) 心理上：自我表现心理、经验心理、侥幸心理、随从心理、逆反心理、反常心理等；

2) 生理上：视觉、听觉、体能、年龄、疾病、疲劳等；

3) 能力上：知识技能、应变力、资格等等。

(2) 不安全行为与事故之间的关系

美国安全专家海因里西对50万件意外事件进行了统计，发现涉及同一工人的330件同类的意外事件中，有300件未产生伤害，29件产生轻微伤害，一件产生重伤，而这些意外事件的产生是以无数次不安全行为为基础的。不安全行为与事故之间关系如图3-4-1所示，也可以用“冰山法则”进行分析，即通过已暴露出的问题(露出海面的冰山)，可以推断隐含着的更多问题(冰山下的部分，即大量的促成因素和没有被发现的隐患)。

3.4.2 物的不安全状态

在工业安全管理中，发现或识别物的不安全状态(或危险源)经常要依据有关工业安全技术规范和标准，因此物的不安全状态又被认为是一切不符合安全技术规范和标准的可导致事故的系统、设备、器材及工作环境的状态。

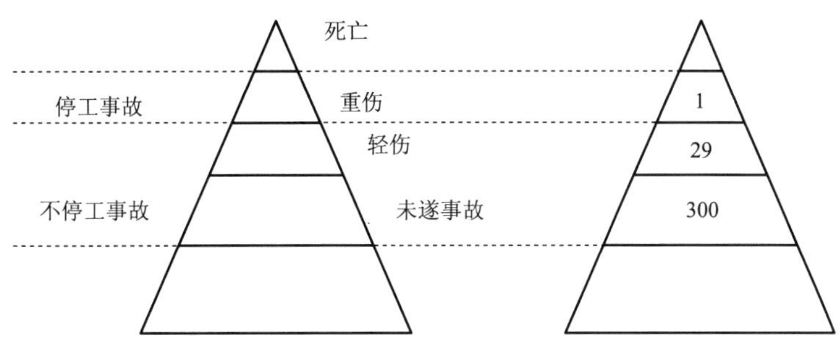

图 3-4-1　冰山法则与 1∶29∶300 法则

在国家标准 GB 6441—86《企业职工伤亡事故分类》中，将可能导致职工伤亡事故的不安全状态大致分为 4 类。

Ⅰ类：防护、保险、信号等装置缺少或有缺陷。

例如：机械转动部分无防护罩，电气设备无接地，有坠落风险场所无护栏等。

Ⅱ类：设备、设施、工具、附件等有缺陷。

例如：安全间距不够，强度不够，地面不平，起重索具不合安全要求等。

Ⅲ类：个人防护用品等缺少或缺陷。

例如：无防护用品，或用品不符合安全要求。

Ⅳ类：工作场地环境不良（小环境）。

例如：照明、通风不良，地面滑等。

3.4.3　间接原因

（1）技术的原因　包括：主要装置、机械、建筑物的设计，建筑物竣工后的检查、保养等技术方面不完善，机械装备的布置，工厂地面、室内照明以及通风、机械工具的设计和保养，危险场所的防护设备及警报设备，防护用具的维护和配备等所存在的技术缺陷。

（2）教育的原因　包括：与安全有关的知识和经验不足，对作业过程中的危险性及其安全运行方法无知、轻视、不理解，训练不足，坏习惯，没有经验等。

（3）身体的原因　包括身体有缺陷，例如头疼、眩晕，癫痫病等疾病，近视、耳聋等残疾，由于睡眠不足而疲劳，酩酊大醉等。

（4）精神的原因　包括：怠慢、反抗、不满等不良态度，焦躁、紧张、恐怖、不和、心不在焉等精神状态，褊狭、固执等性格缺陷，以及白痴等智能缺陷。

（5）管理的原因　包括：企业主要领导人对安全的责任心不强，作业标准不明确，缺乏检查保养制度，人事配备不完善，劳动意志消沉等管理上的缺陷。

除此之外，还必须考虑以下原因：

（1）学校教育的原因　由于小学、中学、大学等教育组织的安全教育不彻底。

（2）社会或历史的原因　由于有关安全的法规或行政机构不完善，社会思想不开化，产业发展的历史过程等。

各核电厂工业安全教员可结合本企业安全事故的典型案例进行更为具体各种原因分析，加深学员对工业安全事故经验教训的印象。

复习思考题

(1) 试列举常见的典型工业安全事故(不少于10种)。

(2) 产生工业安全事故的原因有哪3种?

第四章 工业安全事故预防措施

下面讲到的安全预防措施是一些事故预防的通用措施和规定，在实际的工作中，还应根据工作流程、工艺过程，运用掌握的风险分析和事故预防知识与方法，去制定适合实际的有效的防范和应急措施，以保证作业的安全。

4.1 事故的特征和预防原则

如同一切事物一样，事故亦有其发生、发展以及消除的过程。除了人类无法左右的自然因素造成的事故以外，生产生活中的其他事故都是可以预防的。安全生产管理工作应该做到预防为主，通过有效的管理和技术手段，减少和防止人的不安全行为和物的不安全状态，这就是预防原理。

4.1.1 事故是可预防的

现代事故预防所遵循的原则是事故是可以预防的。也就是说，任何事故，只要采取正确的预防措施都是可以防止的。认识到这一特性，对坚定信心，防止伤亡事故发生有促进作用。因此，我们必须通过事故调查，找到已发生事故的原因，采取预防事故的措施。

(1) 事故后追查型预防方法

这种方法是事故发生后组织调查、分析，并针对原因采取预防性措施，以防事故重演。这种方法具有针对性强的优点。但是，由于管理问题不是短时间可以改观，已成习惯的不安全行为也不是短时间内可以消除的。因此，从总体上讲，这是一种被动的方法。

(2) 事先预测型的预防方法

事先预测型方法是分析发生事故的条件和原因，对危害和风险进行研究，然后提出针对性的预防措施。这是一种主动的、根本有效的方法。

预测不安全问题的方法通常分为三种：一是作风险分析；二是进行安全检查；三是做安全评审。虽然三者的目的是一样的，但侧重点不同。

风险分析是运用在一切生产活动的基本工作方法，对某一项作业做出危害和风险分析，然后提出针对性的措施，落实这些措施并提高操作人员的警觉性。

安全检查通常是针对硬件或制度执行情况的。通过巡检、定检以及根据作业特点、季节不同进行的检查。主要手段包括目测、定期试验、定期盘点、定期维修、询问、查看，以达到安全的目的。

安全评审，其着眼点是检验安全管理的机制，即机制的完善性和有效性。它是由专业人员通过评审发现管理方面的问题，解决不安全因素，以消除发生事故的根本原因。

4.1.2 事故的偶然性和必然性

从本质上讲，伤亡事故属于在一定条件下可能发生、也可能不发生的随机事件。对某一特定事故而言，其发生的时间、地点、状况等都无法预测。事故和损失之间有下列关系："一个事故的后果产生的损失大小或损失种类由偶然性决定的、难以预测的。但在一定范畴内，用一定的科学仪器或手段，却可以找出近似的规律，从外部和表面上的联系，找到内部的决定性的主要关系。虽不详尽，却可知其近似规律。这就是从偶然性中找出必然性，认识事故发生的规律性，把事故消除在萌芽状态之中，变不安全条件为安全条件，化险为夷。这也就是防患于未然、预防为主的科学意义。

科学的安全管理就是从事故合乎规律的发展中去认识它，改造它，达到安全生产。

4.1.3 事故的因果关系

事故的发生与其原因有着必然的因果关系。事故与原因是必然的关系，事故与损失是偶然的关系。事故的因果性指事故是由相互联系的多种因素共同作用的结果。引起事故的原因是多方面的。在伤亡事故调查分析过程中，应弄清事故发生的因果，找出事故发生的原因，这对预防类似的事故重复发生将起到积极作用。前面已介绍过事故原因常可分为直接原因和间接原因。

4.1.4 3E 安全对策

事故预防与控制包括两部分内容，即事故预防和事故控制，前者是通过采用技术和管理手段使事故不发生，后者是通过采取技术和管理手段使事故发生后不造成严重后果或使后果尽可能减小。对于事故的预防与控制，应从安全技术、安全教育、安全管理等三方面入手，采取相应措施。通常把技术(Engineering)、教育(Education)和法制(Enforcement)对策称为 3E 安全对策，被认为是防止事故的三根支柱。

(1) 技术对策：对设计机械装置或工程以及建设工厂时，要认真研究、讨论潜在危险之所在，预测发生某种危险的可能性，从技术上解决防止这些危险的对策，工程一开始就把它编入设计的内容，像这样设计的安全机械装置设施，如机床防护罩、防甩装置等。

(2) 教育对策：安全教育从安全态度、安全知识和安全技能三个方面进行。安全教育要增强人的安全意识，树立一个正确的态度。安全知识教育包括安全管理知识和安全技术知识的教育。有了安全知识并不等于能够安全的从事操作，还必须借助于安全技能培训。实现从"知道"到"会做"。

(3) 法制对策：法制对策是从属于各种标准的。

作为标准，除了国家法律规定的以外，还有学术团体编写的安全指南和工业标准，公司、工厂内部的工作标准等。

4.2 事故预防与控制技术

4.2.1 事故预防原则

(1) 消除潜在危险的原则

事故是潜在的，往往是突然发生的。然而导致事故发生的因素，即所谓的"隐患或潜在的危险"早就存在的，只是未被发现或未受到重视而已。随着时间的推移，一旦条件成熟，就会显现而酿成事故。这就要研制、安装适应具体生产条件下的确保安全的装置，以增加系统的可靠性。即使人因不安全行动而违章操作，或个别部件发生了故障，也会由于该安全装置的作用而完全避免伤亡事故的发生。

(2) 降低潜在危险因素数值的原则

这一原则可提高安全水平，但不能最大限度的防护危险因素。例如：如室外作业或环境中存在着化学能的有害气体，这就要从保护人的角度，减少吸入的尘毒数量，加强个体防护。

(3) 距离防护原则

生产中的危险和有害因素的作用，依照与距离有关的某种规律而减弱。许多因素的这一性质可以很有效地加以运用。例如对放射性等产生电离辐射的防护，噪声的防护等均可应用距离防护的原则来减弱其危害。

(4) 时间防护原则

这一原则是使人处在危险和有害因素作用的环境中的时间缩短至安全限度之内。

(5) 屏蔽原则

这一原则是在危险和有害作用的范围内设置障碍，以保障人的防护。障碍分为机械的、光电的、吸收的(如铅板吸收放射线)等等。

(6) 坚固原则

这个原则是与以安全为目的，提高结构强度相联系的，通常称之为强度安全系数。例如起重运输的钢丝绳，坚固性防爆的电机外壳等。

(7) 薄弱环节原则

与上述原则相反，利用薄弱的元件，当它们在危险因素达到危险值之前已预先破坏，例如保险丝，安全阀等。

(8) 不予接近的原则

这一原则是使人不能进入危险和有害因素作用的地带，或者在人操作的地带中消除危险和有害因素的落入。例如安全栅栏等。

(9) 闭锁原则

这一原则是以某种方法保证一些元件强制发生相互作用，以保证安全操作。例如防爆电器设备，当防爆性能破坏时则自行断电等。

(10) 取代操作人员的原则

在能消除危险和有害因素的条件下，为摆脱不安全因素的危害，可用机器人或自动控制器来代替人。

(11) 警告和禁止信息原则

以主要系统及其组成部分的人为目标，运用组织和技术，如光、声信息和标志，不同颜色的信号，安全仪表，培训工人等，应用信息流来保证安全生产。

4.2.2　一般工业安全事故控制技术

(1) 加强安全教育，提高全员安全意识

《安全生产法》第十一条规定各级人民政府及其有关部门应当采取多种形式，加强有关安全生产的法律、法规和安全生产知识的宣传，提高全员安全意识。

安全意识是指一个人对安全的认识和实际体验。人的安全意识是人的安全行为的基础。一个人对安全没有正确的认识,也就不会有自觉的安全行为。前一章曾指出,人的不安全行为通常是酿成事故的主要直接原因。因此,从某种意义上讲,包括企业领导在内的所有员工的安全意识,也是企业安全生产的基础。企业领导以及各级负责人应当把提高员工的安全意识作为安全管理的极其重要的内容。

员工安全意识的培育主要包括以下7个方面。

1) 对事故危险源及事故风险的意识。即对工业生产活动中所存在的危险源及其事故风险的认识。要鼓励职工去发现、识别、分析危险源及其事故风险。

2) 对个人及其家庭幸福负责的意识。

3) 对同事安全负责的意识,不伤害他人。

4) 对事故会造成经济、财产损失的意识。

5) 对一般工业事故很可能危及核电厂核安全的意识。要使职工认识到在核电厂发生的一般工业事故,很有可能危及核电厂的核安全,这很可能会对整个企业造成严重后果,影响或断送广大职工的切身利益,还可能会对公众造成不良影响。

6) 自我保护的意识,即要养成工作谨慎细心、保护自己的习惯。

7) 遵守安全法规的意识。

(2) 实施作业风险分析,有针对性的采取预防和纠正措施

风险分析定义:作业前,通过对危害的了解及风险来源的分析,认识风险并确定采取相应的措施,有效地减少风险的一种方法。

分析方法:通常从人、机、料、法、环五个主要来源着手分析。

1) 设备、系统产生的风险:压力、温度、流体、动力等;

2) 作业现场环境的风险:高度、照明、噪音、通道等;

3) 材料、工具产生的风险:危险品、起重器具、焊接切割器具、手动工具等;

4) 不安全行为风险:违章作业;

5) 对风险造成的后果做出分析。

现就压水堆风险源介绍如下:如表4-2-1所示。

表 4-2-1 压水堆风险源

核电厂系统	能　源	风　险
主给水泵汽轮机润滑油及调节油系统	油	火灾
给水除气器系统	蒸汽、热水	烫伤
辅助给水系统的给水暂存罐和气体蒸馏	氮气/蒸汽	缺氧/烫伤
汽轮机轴封系统	蒸汽	烫伤
主系统流量测量试验中	放射性	污染
循环水处理系统阳离子再生	氯化氢	刺激
核岛冷冻水系统	氟利昂	窒息
汽轮机调节油(Fyrquel)系统	—	有毒
发电机密封油系统	油/氢	火、爆炸
发电机氢气供应系统	N_2、H_2	缺氧、爆炸
蓄电池组定期试验、运行和修理	酸、氢、油、氮、六氟化硫	化学烧伤、爆炸、火、缺氧、窒息
化学和容积控制系统	酸碱	腐蚀
上充泵	油	烫伤、火

续表

核电厂系统	能　源	风　险
化学和容积控制罐	氮气/氢气	缺氧/爆炸
加化学添加剂	氢氧化钠	化学烧伤
压缩空气生产系统、空压机	压缩空气	管道甩击、噪音
化学试剂注射系统操作和维修	联氨/氨水	火、爆炸/刺激
辅助锅炉	燃油	火、烧伤

上述还未包括电气系统的风险。从能量控制角度出发:当这些系统所具有的能量(电能、热能、机械能、热能、核能)失去控制而释放出来时,则会造成事故。

比较全面、系统的进行风险分析的方法是针对事故原因利用故障树分析方法。

(3) 遵守安全生产法律、法规,服从管理

遵纪守法也是预防事故的一个主要方面。安全法律、法规、规程、程序是血的教训,经验的总结而写成的。不仅涉及个人问题,而且是涉及他人、社会、公共利益的问题,不能由个人的好恶来取舍。而是要求人人自觉遵守,强制执行。

(4) 增强个人健康和保护

1) 人的健康与安全有着密切的关系,如体力下降、精神疲劳、健康不佳等都是事故隐患。因此,保持每个职工工作时处于最佳状态是预防事故的关键所在。

2) 正确使用个人劳动防护用品

4.3　危险源辨识、风险分析和风险控制(二级)

4.3.1　职业安全健康管理体系简介

20 世纪 80 年代末,一些国家开始研究建立职业健康安全管理体系。90 年代中期,ISO 组织决定制定职业健康安全管理体系的国际标准,2001 年正式颁布了《职业健康安全管理体系导则》。

我国职业健康安全管理标准化工作起步较晚,1999 年国家经贸委颁布了《职业安全卫生管理体系试行标准》,经过几年的试点工作,国家经贸委在 2001 年制定并颁布了《职业健康安全管理体系规范》(GB/T 28001—2001),使我国职业健康安全管理工作走上了科学化、规范化的道路。

(1) 职业健康安全管理体系运行模式

简单地说,职业健康安全管理体系就是在确定了安全工作方针、目标后,通过计划(PLAN)、实施(DO)、检查(CHECK)、改进(ACT)4 个阶段,如图 4-3-1 即 PDCA 循环,将安全管理规范化、文件化、系统化,使安全管理成为循序渐进、有章可循、自觉执行的管理行为。

(2) 职业健康安全管理体系的核心内容及基本要素

职业健康安全管理体系的核心内容包括 5 个方面,共 17 个基本要素。

1) 职业健康安全方针;

2) 策划,包括 4 个基本要素:

• 危险源辨识、风险评价和风险控制的策划;

- 法规和其他要求；
- 目标；
- 职业健康安全管理方案。

3）实施和运行，包括7个基本要素：

- 机构和职责；
- 培训、意识和能力；
- 协商和沟通；
- 文件；
- 文件和资料控制；
- 运行控制；
- 应急准备和响应。

4）检查和纠正措施，包括4个基本要素：

- 绩效测量与监视；
- 事故、事件、不符合、纠正和预防措施；
- 记录和记录管理；
- 审核。

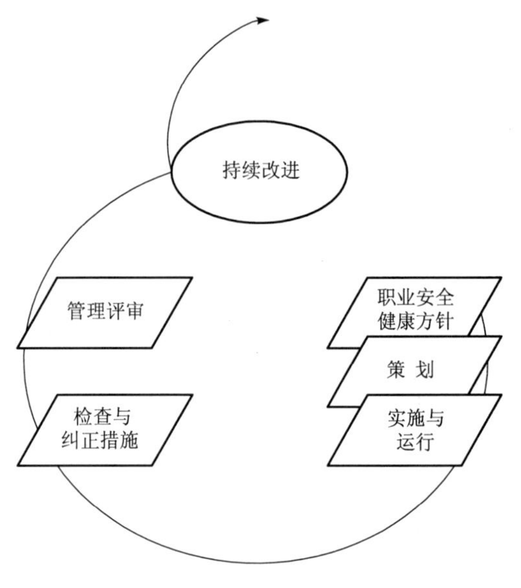

图 4-3-1　职业健康安全管理体系模式

5）管理评审

（3）职业健康安全管理体系中用到的术语和定义

事故——造成死亡、疾病、伤害、损坏或其他损失的意外情况。

持续改进——为改进职业健康安全总体绩效，根据职业健康安全方针，组织强化职业健康安全管理体系的过程。

危险源——可能导致伤害或疾病、财产损失、工作环境破坏或这些情况组合的根源或状态。

危险源辨识——识别危险源的存在并确定其特性的过程。每年应至少进行一次。

在危险源辨识中，危险源因素的分类按照国标《生产过程危险和有害因素分类与代码》或国标《企业职工伤亡事故分类》(GB 6441—1986）填写。

事件——导致或可能导致事故的情况。

相关方——与组织的职业健康安全绩效有关的或受其职业健康安全绩效影响的个人或团体。

不符合——任何与工作标准、惯例、程序、法规、管理体系绩效等的偏离，其结果能够直接或间接导致伤害或疾病、财产损失、工作环境破坏或这些情况的组合。

目标——组织在职业健康安全绩效方面所要达到的目的。

职业健康安全——影响工作场所内员工、临时工作人员、合同方人员、访问者和其他人员健康和安全的条件和因素。

职业健康安全管理体系——总的管理体系的一个部分，便于组织对与其业务相关的职业健康安全风险的管理，它包括为制定、实施、实现、评审和保持职业健康安全方针所需的组织结构、策划活动、职责、惯例、程序、过程和资源。

绩效——基于职业健康安全方针和目标，与组织的职业健康安全风险控制有关的，职业健康安全管理体系的可测量结果。“绩效”也可称为“业绩”。

风险——某一特定危险情况发生的可能性和后果的组合。

风险评价——评估风险大小以及确定风险是否可容许的全过程。

公司在进行职业健康安全管理状况初评阶段采用的风险评价方法是作业条件危险评价法。

作业条件危险评价法：是用与系统危险性有关的三种因素指标值之积来评价系统人员伤亡危险的大小，这三种因素是：发生事故的可能性大小、一旦发生事故会造成的损失后果和人体暴露在这种危险环境中的频繁程度。

安全——免遭不可接受的风险的损害。

可容许风险——根据组织的法律义务和职业健康安全方针，已降至组织可接受程度的风险。

4.3.2　危险源辨识

（1）核电厂潜在的危险源和常发生的工业安全事故

核电厂潜在典型的工业危险源有：辐射；高温；噪音；危险品（窒息、爆炸、火灾、中毒、腐蚀、刺激性物料）；高压带温流体；电流；密闭空间；坠落风险空间；淹溺风险空间等。

核电厂存在典型的工业安全事故类型有：坠落；触电；撞击/打击；烧伤/烫伤；化学灼伤；窒息；淹溺；车祸；辐射伤害。

核电厂具有的风险中，最重要的一部分来自系统，即系统具有的能量和介质：蒸汽、水、油、气、电等等。为保证在设备上作业的安全，首先必须通过控制这些能量和介质使设备处于安全状态。在这一控制过程中必须给予相关人员相应的干预设备的权力和安全方面的责任。许可证的作用就是通过一系列管理上的措施和技术措施有效地控制系统的能量，使设备处于适合作业的、安全的状态，同时明确权力和责任。在核电厂的任何与生产相关的设备上作业，都必须有相应的许可证；不能使用违反其工作性质的许可证。核电厂根据不同的工作类别及工作性质，设立对应的不同类别的许可证来为操作及作业活动提供安全保障。核电厂许可证一般分 5 类：他们是隔离许可证、介入许可证、特殊作业许可证、试验许可证和使用外源许可证。

（2）作业风险分析介绍

作业前的风险分析是事故预防的一个关键步骤，风险分析的质量决定了事故预防的成败。它是通过对作业危害的了解及风险来源的分析，认识风险并确定采取相应的措施，有效地减少风险的一种方法。

1）风险分析的流程

风险分析是作业整个过程的分析，必须在确定作业内容和步骤之后开始，其流程如图 4-3-2 所示。

2）风险分析内容

风险分析在于辨认整个作业过程中所涉及的危险源及其所受影响的因素风险，它包括系统内的、环境的、引入材料及作业方式四方面，风险分析内容一般应包括以下几个方面。

- 分析工作点的系统能量介质

工作点的系统风险分析一般从能量、介质的参数入手，如：温度、压力、流体性质，关键点等。电站能量主要有电能(动力电源,加热电源,外加电源);机械能(气源、水源、电源驱动的转动,平移运动等);热能(热源);化学能(危险品介质如氢、氮、CO_2、燃油、酸、碱等)。

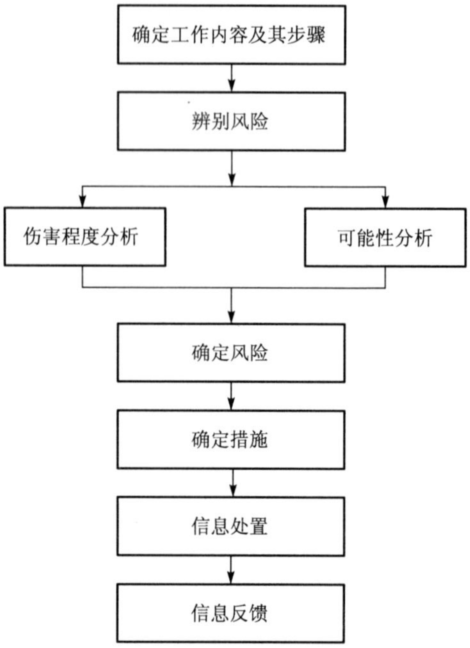

• 分析作业环境与条件

除了系统、设备的固有风险外,作业环境和条件的好坏也成为影响安全的重要因素,如作业点附近为氢气环境,此时如果进行动火作业,则可能造成重大事故。另外,环境恶劣(高温、照明不足等)也可能造成人的失误。因此,作业前了解、熟悉作业点的周围环境及条件显得非常必要。

确定工作内容及其步骤 → 辨别风险 → 伤害程度分析 / 可能性分析 → 确定风险 → 确定措施 → 信息处置 → 信息反馈

图 4-3-2 风险分析的流程

• 分析作业环境与条件一般包括以下方面内容。

照明通风(环境、温度、高温场所)
廊道、坑洞、密闭小室内作业
噪音
须打开地面盖板的作业
高处作业条件(高差超过 3 m)
长时间打开防火门的作业
湿滑地面上作业
容器内作业
栅格、悬桥、固定梯道上作业
狭窄处作业
水池边作业
作业点周围敏感设备
作业点周围重大工业风险设备(如氢气、燃油)

• 分析工具、材料

在工作中必然要使用工具、材料。只有熟悉掌握它们的特性,使用方法及安全注意事项,了解它可能带来的风险,才能避免在工作过程中发生意外事故。电厂主要的工具、材料包括:

固定起重设施、手动起重工具
移动式梯台(梯子、高凳)、脚手架
电动工具
吊篮
软梯
电焊工具、气焊设备
打磨工具、加热工具
液压工具
特种机动运输工具(叉车、电瓶车、汽车吊等)
电气测试工具、电气安全用具
临时照明工具、临时通风工具
易燃液体、可燃液体
酸、碱、压缩气体及其他化学危险品

(3) 分析工艺手段和过程

每一个工艺步骤和过程的变化,所带来的风险不同。因此,在工作前,应根据工作步骤来确定每一工艺步骤所涉及的风险和先决条件，并确定相应的安全措施。

电站也存在着一些特种工艺，它们带来一些特定的风险，在对工艺过程进行风险分析时应引起重点关注，这些工艺包括：搭制脚手架、起重作业、大件运输、动火作业、潜水作业、带压堵漏、再鉴定试验等。

4.3.3 风险控制

要想完全预防事故的发生是非常困难的。但是由于大部分不安全的现象是可以在事故发生前发现并整改后而避免其事故的发生，大部分不安全行为是可以在事故前发现，并予以纠正。有相当一部分自然灾害是可以预报的。因此，核电厂大部分事故是完全可以预防的。

核电厂引入核安全管理的理念，采用纵深事故管理系统，就是称之为系统安全管理，或者说进行风险控制管理。

核电厂一般通过工作许可证制度来进行工作过程控制，也就是称之为风险控制。工作许可证制度就是一种作业审批制度，同时也是一种安全确认过程。它可以保证操作者的资格，技术水平等个人因素符合作业的要求，保证作业在有充分准备及足够的安全措施的情况下进行。

许可证的工作过程将在专门的课程（工作组织过程）中予以详细介绍，以下就前面提到的五类工作许可证作简要介绍：

(1) 隔离许可证(PW)

适用于某一项工作，需要切断一切电源和工作流体而使用的许可证，如果现场拆卸、检修系统中的某一设备，需要隔离能源的情况。隔离许可证是电站检修工作最常用、最基本，也是保证人员安全最有效的一种许可证。

隔离是运行处一项工作，它通过适当、有限地分离或排放控制将设备与所有的工作能源分开，通过上锁禁止对边界上的设备进行操作，为运行处以外的人员的作业提供充分的安全条件。

完整的隔离能达到如下三个目的。

隔断能源：通过严格的隔离及排放控制，把设备与所有的工作能源分开；

固定状态：通过上锁禁止对边界上的设备进行操作；

提供警示：边界设备上挂上警告牌。

(2) 介入许可证(PI)

某些时候运行处外的其他工作人员要对运行设备进行介入，而工作并不影响该设备或系统的正常运行，如某些压力表的现场校验，需动用消防水冲洗设备等。此时可以使用介入许可证。但必须确保维修工作不影响设备或系统的完整性及正常运行；设备的正常运行对该项作业的人员不构成安全风险。

基本要求。使用此许可证的工作时间不超过一天，以便运行人员对系统实施控制。作业人员工作前和工作完成后应与主控制室联系。

安全责任。工作负责人必须保证有关人员安全，在归还介入许可证前将设备恢复到接受时的状态。运行人员必须保持对运行的控制，确保在归还介入许可证前进行一次验收检查。

(3) 特殊作业许可证(PX)

在无法全部实施隔离或为了作业而反复投运或停运设备时，或存在特殊风险，需要采取特别的措施的工作。大部分 PX 的使用是由于特殊介质的单重隔离不能满足要求，如高压蒸汽、氮气、盐酸等系统的作业，一旦隔离失效，将带来严重后果；在单阀门隔离不能完全保证安全可靠时，还应补充安全措施和应急措施。此类工作就应使用特殊作业许可证。许可证由维修、运行、工业安全管理部门签署意见，最后由生产部经理批准使用。

工作负责人责任。严格遵守特殊作业许可规程，必须考虑并做出相应的安排，如当装置的状态发生变化时所应采取的相应行动，包括人员撤离、工具搬出、通告运行人员等，并采取适当的防护措施。密切注意设备状态及保持作业现场和主控制室的联络。

(4) 试验许可证(PT)

应用范围。有必要将设备或设施投运、停运以便进行初始运行试验、功能检查、设备安全性检查或诸如微调一类的维护工作时，使用试验许可证。如工作完成后须进行的再鉴定试验等。这种许可证允许将一部分运行的权力委托给试验负责人。试验负责人有权将试验区内的设备投入或退出运行，能在试验许可证上明确规定由其支配的装置上进行封锁或解除封锁。

安全责任。试验负责人责任：负责试验的人身和设备的安全；在试验区进行或让别人进行的运行操作试验时要通告主控制室。

运行人员责任：在各种情况下监视设施；必要时，协助试验负责人进行各种操作。

(5) 使用外源许可证(PR)

对设备进行调整、整定等需要使用某一独立外源的操作时使用外源许可证。如安全壳打压试验需要使用临时空压机。

工作负责人除所担负的正常责任之外，还负责独立外源的使用，并保证其不影响现场人身、设备的安全。

4.4 工业安全事故预防

核电厂比较可能发生的典型工业伤亡事故与普通的燃煤、燃油电站基本相同。如：坠落、撞击/打击、触电、烧伤、烫伤、化学灼伤、缺氧窒息、中毒、淹溺、爆炸、交通事故等。本教材将有选择地、比较具体地介绍几种常见工业伤亡事故的发生原因及其防范措施。

4.4.1 坠落事故的预防

(1) 坠落常见类型及原因

1) 从高大型设备(如变压器、立式电动机和泵、贮存罐、悬空管道等)顶部坠落。

- 顶部无护栏
- 无或脚手架不合格
- 未系安全带

2) 从脚手架、跳板坠落

- 搭制人员不合格
- 搭制材料不合格(裂纹、霉烂)
- 不符合规范要求(跨度太大，跳板未绑)
- 脚手架靠近电气线路且无安全措施
- 以错误方式搬材料上下脚手架
- 移动式脚手架移动方法不当

- 以错误方式上、下脚手架
- 在简易脚手架上作业时未系安全带

3）从梯子上坠落

- 梯子本身破损
- 梯子放置角度不对
- 采用了错误的梯子使用方法（长时间作业或用力较大的作业应使用脚手架，梯子未放在不易被碰倒的位置）
- 梯脚固定不当
- 梯顶固定不牢
- 上、下梯子方法错误
- 违章上、下梯子

4）坑边、池边坠落

- 无护栏
- 未使用安全带

5）落入孔洞

盖板打开后未恢复，无盖板且未设临时围栏

6）从高架线杆、线塔坠落

未系安全带或登高防护用具使用不当

（2）预防措施

各核电厂在《高处作业安全管理规定》里对高处作业的注意事项均做了具体描述。本教材不用重复描述。

4.4.2　特殊高处作业的预防

（1）在阵风风力为 6 级（风速 10.8 m/s）及以上情况下进行的强风高处作业；

（2）在高温（35 ℃及以上）或低温环境（5 ℃及以下）下进行的异温高处作业；

（3）在降雨、降雪时进行的室外高处作业；

（4）在室外完全采用人工照明进行的夜间高处作业；

（5）接触带电体条件下进行的带电高处作业；

（6）在无立足点或无牢靠立足点的条件下进行的悬空高处作业；

（7）在易中毒、易灼伤等区域或转动设备附近进行的高处作业；

（8）落差 8 m 及以上的作业等，都应在相关程序中作出明确规定。

上述条件一般不进行特殊高处作业，如必须或要进行其他有重大风险的高处作业，归口部门应当进行风险分析，专人监护，采取可靠的安全措施，由所在处领导批准执行。

高处作业人员必须经安全教育，熟悉现场环境和施工安全要求，凡酒后人员、患有职业禁忌症、疲劳过度及视力不佳等不适宜登高的人员，不准进行高处作业。

高处作业人员要按要求穿戴（安全帽、安全带等）劳动保护用品，作业前要检查、作业中要正确使用防坠落用品与登高器具、设备。

高处作业前，作业人员应检查临边、孔洞的防护栏杆、盖板等是否合格，确认安全措施落实后，才可作业。

高处作业所使用的工具、材料、零件等必须装入工具袋等容器，上下时手中不得持物，不准投掷工具、材料及其他物品。

高处作业人员应从规定的通道上下，不得随意攀爬脚手架等。

高处作业与其他作业交叉进行时，一般不准进行上下垂直作业，若必须垂直进行作业时，须采取可靠的隔离措施。

坑、井、沟、池、吊装孔等都必须有栏杆、护栏或盖板盖严，盖板必须坚固。因工作需要移开盖板时，必须及时加设栏杆，因工作需要移开栏杆时，必须加设盖板或其他防护措施。

因作业必需，临时拆除或变动安全防护设施时，必须经作业负责人同意，并采取相应的可靠措施，作业后应立即恢复。

禁止坐、靠在防护栏杆、平台和孔洞边缘。

暴风雪及台风暴雨后，应对室外高处作业安全设施逐一加以检查，发现有松动、变形、损坏或脱落等现象，应立即修理完善。

在吊篮内作业时，应事先对吊篮拉绳进行检查，吊篮所承受的负荷应有一定的安全系数。作业人员必须系好安全带，要挂在主绳的扣件上，并有专人监护。

对作业期较长的项目，工作负责人必须每天检查登高设施的安全状况，并应监督作业人员检查个人防护用品是否符合安全要求。

安全网的技术要求必须符合 GB 5725—1997 规定。边长 1.5 m 以上的较大洞口，应铺设安全网，平网与其下方物体表面距离应不小于 3 m，安全网要定期进行检查清理。

安全员如发现高处作业施工人员不按规定作业者，要立即提出，责其改正；经指出仍不改者，有权停止其作业。

4.4.3 使用脚手架作业的一般要求

脚手架搭制开始，搭制人员应悬挂“脚手架搭制标志牌”，如表 4-4-1 所示并填写相关内容。脚手架搭制完毕后，由脚手架搭建工作负责人、使用方工作负责人共同检查脚手架搭制的安全质量和适用性并在脚手架搭制标志牌中验收人处一并签字确认。

表 4-4-1 脚手架搭制标志牌

<table>
<tr><td>申请票号</td><td colspan="2"></td><td>工作内容</td><td></td></tr>
<tr><td rowspan="2">申请人</td><td colspan="2">姓名：</td><td rowspan="2">搭制拆除
联系人</td><td>姓名：</td></tr>
<tr><td colspan="2">电话：</td><td>电话：</td></tr>
<tr><td>申请单位</td><td colspan="2"></td><td>预计拆除时间</td><td></td></tr>
<tr><td rowspan="2">最大载荷
kg</td><td rowspan="2"></td><td>搭建开始时间</td><td></td><td rowspan="3">工作结束请
及时联系拆除！</td></tr>
<tr><td>搭建完成时间</td><td></td></tr>
<tr><td>是否合格</td><td></td><td>验收人签字
（日期）</td><td></td></tr>
</table>

安装金属管脚手架，禁止使用弯曲、压扁或者有裂缝的管子，各个管子的连接部分要完整无损，以防倾倒或移动。

所有脚手架临边都应设置护栏和踢脚板，护栏有上下两道，上护栏应高出脚手架平台约

1.2 m,下护栏高出约 0.6 m,踢脚板不低于 18 cm,必要时加设安全网进行防护。特殊情况,无法设置护栏,高度超过 1.5 m 时,必须使用安全带,安全带必须系挂在作业上部的牢固处,或者采取其他可靠的安全措施。

在厂房内需要地面保护的地方搭制脚手架需要加设垫片进行保护。

脚手架接近带电体时,要做好防止触电的措施。

脚手架上有人时禁止移动。

在脚手架或平台上存放物料前,必须核查承载能力和牢固性;不要多人集中在一块跳板上,以防止超重,导致脚手架坍塌。

易滑动、易滚动的工具、材料堆放在脚手架上时,应采取措施,防止坠落。

在工作过程中,不准随意改变脚手架的结构,有必要时,必须由脚手架搭制工作负责人组织修改。

脚手架搭建和拆除均应视为高空作业,作业人员应配备安全带。

4.4.4 使用梯子作业的一般要求

梯子宜用于高度在 4 m 以下的短时间内可完成的作业。梯子应有专人负责保管、维护及修理。梯子使用前应进行检查。

梯子上作业应佩戴安全帽。在坠落基准高度超过 2 m(含 2 m)的梯子上作业,条件允许的应使用安全带。

在光滑坚硬的地面上使用梯子时,须用绳索将梯子下端与固定物绑住(有条件时可在梯子下端安置橡胶套或橡胶布)。

登高作业中使用的各种梯子(包括用脚手架搭制的梯子)要坚固,放置要平稳,踏板间距以 30 cm 为宜,立梯坡度一般以 60°为宜,折梯上部夹角以 35°～45°为宜。禁止把梯子架设在木箱等不稳固的支持物上或容易滑动的物体上使用。梯子靠在管子上使用时,其上端应有挂钩或用绳索绑牢。梯子不能稳固搁置时,应设专人扶持或用绳索将梯子下端与固定物绑牢。

在通道上使用梯子时应设监护人或临时围栏,梯子一般不准放在门前使用,必须使用时,应采取防止门突然开启的措施。

在转动机械附近使用时,应采取隔离防护措施。比如临时设置薄板或金属网防护,金属梯不应在电气设备附近使用。

上下梯子时必须面向梯子,严禁手拿工具或器材上下;在梯子上作业时,应有防止落物造成梯下人员伤害的安全措施。

严禁两人站在同一个梯子上工作,工作人员必须登在距离梯顶不少于 1 米的登梯上工作。

软梯的安全系数不得小于 10,在使用中应挂在可靠的支持物上。

软梯必须每半年进行一次荷重试验。

软梯的架设应制定专人负责,由工作负责人检查,确认安全后方可使用。

4.5 常见典型事故预防方法

4.5.1 缺氧窒息事故的预防

(1) 缺氧窒息事故的原因及可能发生的场所

当氮气、氩气、二氧化碳、氟利昂等气体溢漏在无良好通风的有限空间，会引起该空间的含氧量降低，若有人在此空间作业或停留，就有可能窒息身亡。密闭或长期无通风或通风极差的场所，如下水道、涵洞、地坑、大槽等，若其内存有大量垃圾或杂物，则当有机物腐烂和分解时，可能会产生大量二氧化碳、甲烷、硫化氢之类的气体，导致在这些场所作业停留的人员窒息身亡。

核电厂可能发生窒息事故的场所有：

1）长时间进行氩弧焊、电焊作业的狭小空间。

2）与氮气系统相关的水箱、大罐、房间（例如核电厂的中压安全注水罐有高压氮气；辅助给水系统的给水暂存罐、化学和容积控制系统的化学和容积控制罐、硼回收系统的硼酸贮存罐、反应堆冷却剂疏水罐等，其上部气腔中用氮气作为覆盖气体）。

3）各种大型密闭容器。

4）无通风的房间。

5）与使用氟利昂的核岛冷却水系统相关的房间。

6）涵洞、下水道、污水井。

（2）预防措施

首要的预防措施是识别、查明可能发生窒息事故的所有场所或部位，使工作人员对这些场所和部位保持警觉。当需要进入这些场所作业或检查时，事先必须进行通风，必要时还要作测氧检查；只要运行条件允许，事先还应切断或隔离窒息气体的来源。如有必要，还需另派人员进行监护。在窒息场所抢修作业应使用空气呼吸器。

4.5.2 危险品相关事故的预防

（1）危险品及其分类

危险品系指具有爆炸、易燃、毒害、腐蚀、放射性等性质，在贮存、搬运、操作和使用时能对人体产生直接危害或能引发事故的所有固态、液态或气态物质。

按我国国家标准《危险货物品名表》(GB12268）规定，危险品分为以下9大类：

- 爆炸品；
- 压缩气体和液化气体；
- 易燃液体、易燃固体、自燃品；
- 遇湿释放气体的物质；
- 氧化剂和有机过氧化物；
- 毒害品和感染性物品；
- 放射性物品；
- 腐蚀性物品；
- 其他危险物品。

（2）核电厂存在的主要的危险品

核电厂数量最多的危险品就是电站核反应堆产生的大量放射性物质。除此之外，核电厂主要存在下列危险品。

1）爆炸气体

- 氢气（存在于制氢系统、发电机冷却系统、含氢废气处理系统、各铅蓄电池间、仪表标定等）

- 乙炔(焊接、切割使用)
- 氧气(焊接、切割使用)

2) 易燃液体/可燃液体

- 柴油(辅助锅炉、柴油发电机、机动车用油)
- 汽油(机动车用油、维修中作溶剂用)
- 煤油(维修中作溶剂用)
- STANOL(机械专用清洗剂)
- 各种溶剂(丙酮、乙醇、四氧化碳、三氯甲烷等)
- 油漆
- 润滑油(存在于各系统及仓库)
- 联氨(肼)(用于水处理系统)

3) 毒害品

- 坚克林(三氯乙烷)(常规岛维修用的清洗剂)
- 调节油(磷酸三甲苯脂)(汽轮机调节油系统,蒸汽调节阀调节油等)

4) 腐蚀性物品

- 硝酸(废水处理系统及仓库)
- 盐酸(除盐水生产系统)
- 硫酸(蓄电池间)
- 氢氧化钠(用于废水处理的酸碱度中和处理)
- 氨水(水处理)
- 联氨(肼)(用于水处理系统)
- 次氯酸钠(制氯系统)
- 氢氧化钾(制氢和一回路 pH 调节)
- 硼酸(一回路制硼)

5) 可窒息的压缩气体

- 氮气(中压安注系统,维修用压缩气体)
- 二氧化碳(灭火系统)
- 六氟化硫(输电母线及高压开关)
- 氟利昂(核岛制冷系统等)
- 七氟丙烷(气体灭火系统等)
- 氩气(焊接用)

6) 其他

- 实验室化学试剂
- 放射源

(3) 危险品相关事故的预防措施

对于核电厂,危险品相关事故的预防极为重要。预防措施可归纳为:一是要对危险品实施全面的严格的管理;二是每一个从事贮存、保管、搬运、操作和使用危险品的员工,必须针对他所从事的危险品作业,进行安全知识和安全技术规程的培训,严格按安全技术规程和相关操作程序的要求进行作业。

对于危险品管理，主要做好三方面工作。

1）要运用警告牌、危险品标志、危险品标签等手段，将危险品的危险及其相关事故预防的信息，有效地传输给相关员工。

2）危险品必须严格按国家法规、标准和电厂规章的要求储存、运输和使用。

具体要求有：

• 所有危险品必须储存在有专人负责的危险品库，指定场所或贮存柜内；

• 不相容的（即可能发生剧烈反应的）化学危险品，气瓶等必须分别在不同库房或完全隔离存放，不同类别的危险品亦必须分开存放；

• 必须建立危险品库或危险品存放点的管理程序，危险品出入必须检查、核对、登记，并对危险品定期进行盘查；

• 从事运输、贮存、搬运和使用危险品的人员，必须经过培训；

• 限定在规定可使用危险品的作业区域内使用危险品，使用后若有剩余应按规定返回贮存处。

3）必须对从事危险品作业或直接接触危险品的员工实施充分个人保护。

• 提供合适的个人防护用品；

• 实施通风或监护；

• 使有关应急和急救措施（如紧急淋浴，洗眼等设备）随时可用等。

4.5.3 起重吊装事故的预防

起重机械一般指吊车、行车、滑车葫芦、卷扬机、吊杆等，但一般不包括电梯。

（1）起重吊装事故的常见原因

1）起重机械本身有故障缺陷或受损；

2）吊装索具有故障，缺陷或受损；

3）违规吊装，如超重吊装、起吊重物下站人等；

4）吊装方案不当，特别是吊装机械支撑平衡方案不当和被吊重物的绑捆固定方案不当；

5）吊装过程中，吊具意外地接触周围的电气装置；

6）吊装操作指挥不当，如多人指挥，指挥信号不明确。

（2）预防措施

1）核燃料吊装，超过 30 t（含 30 t）设备（物品）的起重吊装作业，吊装指挥应由实践经验丰富、技术水平较高、组织能力和判断能力较强的人担任。吊装指挥必须充分了解吊装方案，充分掌握设备、构件在吊装过程中各种空间位置状态下的状况，严格按照吊装方案确定的设备、构件运行轨迹指挥吊装。作业前应通知工业安全管理部门，以便工业安全监督人员进行跟踪监督。

2）各种起重作业前，应在起重现场设置安全警戒区域和标志并设专人监护，非相关人员禁止入内。

3）一般起重作业中，夜间应有足够的照明，室外作业遇到大雪、暴雨、大雾及六级及以上大风（风速 10.8 m/s）时，应停止作业。

4）起重作业人员必须佩带安全帽。

5）起重作业时，必须分工明确、坚守岗位，起重作业前必须约定指挥信号，使用标准语言，作业组成员来自不同单位的，要书面约定上述事宜，并向全体人员交底。

6）起重作业前必须对各种起重机械的运行部位、安全装置以及吊具、索具进行详细的安全检查，起重设备的安全装置要灵敏可靠，起重前必须试吊，确认无误才可作业。必要时吊件上应系牢固溜绳，防止吊装过程中吊装摆动、旋转或碰、挂其他物件。

7）严禁以运行的设备、管道以及平台等作为起吊重物的承力点。

8）起重操作必须先打铃或报警，操作中接近人时，也应给予持续铃声或报警。按指挥信号操作，对紧急停车信号，不论任何人发出，都应立即执行。

9）起重作业现场的吊绳索、揽风绳、拖拉绳等要避免同带电线路接触，并保持安全距离。

10）起重作业时，必须按规定负荷进行起重，严禁超负荷运行。所吊重物接近或达到额定起重能力时，应检查制动器，用低高度、短行程试吊后，再平稳吊起。

11）吊装设备移动时应注意设备前进方向、左、右、地面有无障碍物，被吊设备下降时需慢速下降，严禁快速下降。

12）起重物品必须绑牢，吊钩要挂在物品的重心上，吊钩钢丝绳应保持垂直。禁止使吊钩斜着拖吊重物。在吊钩已挂上而被吊物尚未提起时，禁止起重机移动或作旋转动作。

13）起吊的物件不得在空中长时间停留，特殊情况下应采取安全保护措施。

14）起重机作业时重物下方不得有人停留或通过，任何人员不得随同起重重物或起重机械升降。在特殊情况下，必须随之升降的，应采取可靠的安全措施，并经过现场指挥人员批准。

15）临时设置的手动（电动）葫芦，应由专业技术人员进行设计，并进行风险分析，采取预防措施。

16）对起重作业安全措施不落实，作业环境不符合安全要求的，作业人员有权拒绝执行。

起重作业行规“十不吊”：

- 超载或被吊物重量不清不吊；
- 指挥信号不明确不吊；
- 捆绑、吊挂不牢或不平衡，可能引起滑动时不吊；
- 被吊物上有人或浮置物时不吊；
- 结构或零部件有影响安全工作的缺陷或损伤时不吊；
- 遇有拉力不清的埋置物件时不吊；
- 场地昏暗，无法看清场地、被吊物和指挥信号时不吊；
- 被吊物棱角处与捆绑绳间未加衬垫时不吊；
- 歪拉斜吊重物时不吊；
- 散装物装箱过满不吊。

4.5.4　触电事故的预防

（1）电气事故的种类

电气事故大致可分为以下类型。

1）触电事故：触电事故是人体触及电流所发生的事故。

注：在高压触电事故中，往往不是人体触及带电体，而是接近带电体至一定程度时，击穿放电造成的。

2）雷电事故：雷电是一种自然灾害。雷击除可能毁坏建筑设施和伤及人、畜外，还可能造成火灾和爆炸。

3）静电事故：静电事故是指生产过程中产生的有害静电酿成的事故。

4）电路故障：电路故障本身属于设备事故，但有些设备事故总是和人身事故系在一起的，例如：电线短路可能引起火灾，油开关爆炸可能伴随重大人身事故等等。

本课程限于介绍触电事故及其预防。

（2）触电事故的类型

触电一般是指人体触及带电体。人体触及带电体。电流会对人体造成伤害。电流对人体有两种类型的伤害，即电击和电伤。

电击：电击是指电流通过人体内部，破坏人的心脏、肺部以及神经系统的正常工作，乃至危及人的生命。电击致死的主要原因是心室颤动或窒息。绝大部分触电死亡事故都是电击造成的。

触电可分为三种情况。

1）单相触电：人体在地面或其他接地导体上，人体某一部位触及一相带电体的触电事故。大部分触电事故都是单相触电事故。

2）两相触电：两相触电是指人体两处同时触及两相带电体的触电事故。其危险性是比较大的。

3）跨步电压触电：当带电体接地有电流流入地下时，电流在接地点周围土壤中产生电压降。人在接地点周围，两脚之间出现电压即跨步电压。由此引起的触电事故叫跨步电压触电。雷电、高压故障接地处都可能出现较高的跨步电压。

4）电伤：电伤是指由电流的热效应、化学效应或机械效应对人体外部造成的局部伤害。

• 电弧烧伤

这是最常见也是最严重的电伤。造成电弧烧伤的情况常见的有：

——带负荷拉开裸露的闸刀开关时

——线路短路，开启式熔断器熔断时

——错误操作引起短路时

——人体接近带电体太近，其间距小于放电距离时

• 电烙印

当载流导体长期接触人体时，由于电流的化学效应和机械效应的作用，接触部位的皮肤变硬，形成肿块，如同烙印一般，这叫做电烙印。

（3）电流对人体的伤害作用

电流对人体的伤害大家都明白，在此不多描述了。

（4）常用电气设备的触电事故预防措施

1）配电设备　配电设备的触电事故主要发生在高压设备上。此类事故往往是严重违反安全工作规程造成的。事故的发生大都是由于工作时没有工作票、操作票和实行监保制度（二票一制），没有切除电源就清扫绝缘子、检查隔离开关、检查油开关并加油、拆除电气设

备等。安全工作规程应规定：工作前停电、验电、装设接地线、悬挂标示牌和装设遮栏等。

2）电缆 因为接触电缆而发生的触电事故主要是：电缆绝缘受损或击穿；在带电压下拆装迁移；电缆头发生击穿等。将电缆外壳接地就可以免除大多数这类事故。

3）闸刀开关 闸刀开关触电事故主要是由于闸刀开关敞露；带电修理这类设备；设备外壳没有接地等。这些都是属于违反安全规程要求的。

4）配电盘 这类触电事故主要有：制造和结构上有缺点；屏前后有电部分容易碰触等。这主要应改进配电盘制造和设计，要能满足防潮、防尘、防火、防爆和防触电的要求。

5）熔断器 这类事故是由于在电压下裸手更换熔断丝、修理熔断器。针对这种情况，更换熔断丝，规定要戴绝缘手套和使用绝缘钳。

6）照明设备 这方面触电事故往往发生在更换灯泡、修理灯头时，直接原因主要有金属灯座意外呈现电压；挂灯装设高度不够；灯罩或护网意外带电等。防止这类事故要求在更换或修理照明设备拉开隔离开关，使用绝缘工具，注意安装质量。

携带式照明灯（行灯）：我国规定采用 36 V 和 12 V 作为行灯安全电压。行灯触电事故主要是违反上述规定，将 110 V 或 220 V 电压使用在行灯上。

7）电钻 这类事故主要原因是：电钻的外壳没有接地；插座连接上没有接地（零）触头，导线中没有专用一股接地（零）导线；接地（零）线误接在火线上；使用具有接地（零）导线的电钻工作时，误触开关等。防止这类触电事故要求电钻外壳安全接地（零）和正确接线。

8）电焊设备 电焊触电事故主要原因是：电焊变压器反接产生高压；错接在高压电源；电焊变压器外壳没接地（零）等。因此使用电焊设备时，不但要将电焊变压器安全地接入电源网络，同时要使之接地（零）。

9）电炉 这类触电事故主要原因是：电阻炉进料时误触热元件；电弧炉进线导电部分没有防护；带负荷开断高压隔离开关等。针对这些情况，可装联锁装置，炉门打开时，电源即开断。所有电炉均应有保护外壳，避免有电部分发生接触。

10）起重机 使用起重机触电事故主要原因是：带电压修理。因此应严格遵守安全维修规定；也可以安设控制设备，当机架带电时，起重机立即断开电源。

11）电气设备的金属构件或设备外壳未接地（零）或接地（零）不良：这会导致意外呈现电压，往往造成触电事故。预防措施是确保良好接地。

12）临时用电线路 临时加设的电气线路较易出现触电事故。为防止这类事故的发生，临时用电线路应满足下列安全要求。

• 厂区使用电源必须经由固定式电源插座引出，且符合插座容量和电压等级要求；需要由配电箱引出电源的，要经由运行值长书面批准，标明引出部位。

• 临时线必须用绝缘良好的橡皮线，线径必须与负荷相匹配。

• 临时线必须沿墙或悬空架设，距地高度：室内应大于 2.5 m，室外大于 4.5 m，跨越道路应大于 6 m，在地面通过时要用牢固的保护板。

• 临时线必须有一总开关，每一分路应设与负荷相匹配的熔断器。

• 临时用电设备必须有良好的接地（零）。

• 临时线与其他设备，门窗，水管距离应大于 0.3 m。

• 严禁在有爆炸的火灾危害的场所架设临时线路。

（5）触电事故的人员急救

人员急救另设有专门的培训课程。但因为触电急救对于抢救生命至关重要,本课程对触电急救作简单介绍。

触电急救的要点是动作迅速、救护得法。切不可惊慌失措、束手无策。发现有人触电,首先要尽快地使触电者脱离电源,然后根据触电者的具体情况,进行相应的救治。对急救方法,要经常练习,做到动作熟练,操作有素。

人触电以后,会出现神经麻痹、呼吸中断、心脏停止跳动等征象,外表上呈现昏迷不醒的状态。但不应该认为是死亡,而应该看作是假死,并且迅速而持久进行抢救。据统计,从触电后 1 min 开始救治者,90%有良好效果;从触电后 6 min 开始救治者,10%有良好效果;而触电后 12 min 救治者,救活的可能性很小。由此可知,实施及时、正确的救治是非常重要的。

1) 脱离电源

人触电以后,可能由于痉挛或丧失知觉等原因而紧抓带电体,不能自行摆脱电源。这时,使触电者尽快脱离电源,是救活触电者的首要因素。

在实践过程中。要遵循下列的注意事项。

• 救护人不可直接用手或其他金属及潮湿的物件作为救护工具,而必须使用适当的绝缘工具。救护人最好用一只手操作,以防自己触电。

• 触电者脱离电源后可能的摔伤,特别是当触电者在高处的情况下,应考虑防摔措施。即使触电者在平地,也要注意触电者倒下的方向,注意防摔。

• 如事故发生在夜间,应迅速解决临时照明问题,以利于抢救,并避免扩大事故。

2) 现场急救方法

触电者脱离电源后,应根据触电者具体情况,迅速对症救护。现场应用的主要救护方法是人工呼吸和胸外心脏按压法。

触电者需要的救治,大体按以下三种情况分别处理。

• 如果触电者伤势不重。神志清醒,但有些心慌。四肢发麻、全身无力,或者触电者在触电过程中曾一度昏迷,但已清醒过来,应使触电者安静休息,不要走动,严密观察并请医生前来诊治或送往医院。

• 如果触电者伤势较重,已失去知觉,但心脏跳动和呼吸还存在,应使触电者舒适,安静地平卧;周围不要围人,使空气流通;解开他的衣服以利呼吸;如天气寒冷,要注意保暖;并速请医生诊治或送医院。如果发现触电者呼吸困难,稀少或发生痉挛,应准备心脏跳动或呼吸停止后立即作进一步的抢救。

• 如果触电者伤势严重,呼吸停止或心脏跳动停止或二者都已停止,应立即施行人工呼吸和胸外按压,并速请医生诊治或送往医院。

应当注意,急救要尽快地进行,不能等候医生的到来;在送往医院的途中,也不能中止急救。(人工呼吸,心肺复苏等急救方法将在急救课程中详述。)

4.6 核电厂厂房内事故的预防

核电厂的厂房是员工工作的主要场所,同时也是工业安全风险最集中的区域,如何做好厂房的事故预防始终是工业安全管理的重点。

(1) 环境

地面:孔洞坠落、地面滑倒、物件阻塞、绊倒;

室内:室内狭窄碰撞、凸物撞头、高处坠物击伤;

通道:阻塞、绊倒、碰伤、临时设备或杂物堆放;脚手架不及时拆除、保温材料乱堆放;

照明:地面、通道、地坑周围由于照明不够,会增加各种风险。

这就要求:

1) 工作负责人负责现场的管理,作业完成后必须清理现场。

2) 脚手架按规定时间搭制、挂牌,用后及时拆除。

3) 保温层拆下后不能放在通道处,要放在适当位置并设"警示带",完工后及时复装。

4) 梯子:固定直梯、斜梯:发现缺陷及时报告;便携直梯人字梯:用后及时收回撤走。

5) 盖板:各种盖板因工作需要掀开时,设临时围栏警示标志,用过后及时复位。

6) 围栏、警示牌固定放于规定的位置,不得随意挪动,根据要求使用,用后及时返回原处。

不得随意在现场堆放物件、材料、设备等;确因工作需要存放时要按程序申请、批准后才可堆放。

(2) 工业安全设施

1) 电梯

(a) 风险:被关在电梯内;被挤、被夹伤、电梯失控摔下;

(b) 事故原因分析

- 电梯故障:控制部分损坏,机械部分故障;
- 使用不当:如超重、超体积、物体碰撞损坏电梯;

(c) 规定

- 所有电梯都不能超载;
- 不能随便打开正常锁住的电梯;
- 禁止使用有缺陷的电梯,应通知电梯维修人员及时进行维修;
- 只有电梯停留在楼层标高时,才能出入电梯;
- 如电梯滞留在两个楼层之间或被关在电梯内时,应打电话通知维修人员或按报警铃,不要强行撬门或乱按按钮等;
- 不准在电梯中装塞超体积物件。

2) 其他设施

固定直梯、斜梯、楼梯护笼、扶手、护栏、移动围栏、警示标牌、机器防护罩、盖板、应急照明等。

规定:

(a) 对固定安全设施爱护,发现缺陷及时提出修理申请或报告工业安全管理部门;

(b) 移动设施有专门存放位置、使用时根据需要选用,用后放回原处;

(c) 不得将这些安全设施移做他用、如作为工具、承重、挡门等。

4.7 其他事故的预防

4.7.1 厂内交通事故的预防

范围:工业运输车辆、人员运输车辆、厂区行走等。

风险:撞伤、撞死、摔伤、擦伤、火灾。

规定:

(1) 机动车辆

1) 所有机动车辆在厂内道路上行驶,均应遵守国家和各省、市有关道路交通管理的一般规则;并且要严格遵守厂内道路交通标志牌的指示,按章行驶。

2) 厂内机动车必须按照道路交通标志的要求限速行驶,任何路段最高时速不得超过 30 km。

3) 机动车不准在厂内主干道上或者交通高峰时间内进行教练、试刹车。

4) 车辆在通过繁华路段、施工路段、设有警告标志路段或遇有人行横道、搬运工程设备等时必须减速确认安全后通行。

(2) 行人及自行车

1) 行人不准在道路上追车、强行拦车。

2) 行人不准在道路上猛跑、打闹、溜冰、滑板或者进行其他妨碍交通安全的活动。

3) 行人不准跨越、坐骑、推蹬交通隔离设施。

4) 不准骑自行车带人。

4.7.2 自然灾害的预防

自然灾害包括热带气旋、暴雨、洪水、地震、雷电等,其中尤以热带气旋对核电厂的影响最大。

(1) 热带气旋的概念

热带气旋是发生在热带或副热带洋面上的低压涡旋,是一种强大而深厚的热带天气系统现象,按照国际分类标准,将中心附近最大风力达到 8 级的称为热带低压,8 级和 9 级风力的称为热带风暴,10 级和 11 级风力的称为强热带风暴,中心附近最大风力达到 12 级的热带气旋称为台风。我国是受热带气旋影响比较多的国家,特别是东南沿海一带。

(2) 热带气旋预报与信息发布

1) 电厂应建立信息接收渠道,保证及时接收到有关热带气旋信息,并在现场装设风速测量设施,保证防热带气旋的行动及时、可靠。

2) 核电厂应急准备管理部门负责将热带气旋信息在公司网页发布,同时向工业安全管理部门提供信息。

3) 当热带气旋在加强,并可能在 48 h 内影响电厂时,通过广播和短信发布《核电站热带气旋信息发布令》,有关信息必须至少 6 h 更新一次。当热带低压(风速在 $11.9\ \text{m/s}<V<17.1\ \text{m/s}$,6~7 级)到达电厂时,必须 24 h 连续监视,任何有关热带气旋的重大变化都应随时发布。当热带风暴(风速在 $17.2\ \text{m/s}<V<24.4\ \text{m/s}$,8~9 级)及以上等级热带气旋到达电厂时,还应报告现场实测风速。

4) 收到热带气旋在加强并可能在 48 h 内影响电厂的信息,工业安全管理部门将由当值电厂应急总指挥签发的防台指令传至主控制室,通过广播和短信发布信息。工业安全管理部门除了从应急准备管理部门获得信息外,还应同时监收电视。

(3) 行动要求

1) 从电厂发布《核电厂热带气旋信息发布令》到热带低压(风速在 $11.9\ \text{m/s}<V$

<17.1 m/s,6～7 级)到达电厂前,电厂防台工作由电厂应急总指挥应急待命值班人负责,具体工作由工业安全管理部门负责安排。工业安全管理部门根据热带气旋趋势,通知各处室和单位,对所管辖的厂房和主要设备进行检查,及时处理缺陷,并将检查结果在热带低压到达电站时送工业安全管理部门;

2) 当热带低压(风速在 11.9 m/s$<V<$17.1 m/s,6～7 级)到达电厂时,中止户外一切高空作业,确需进行的户外抢修,须有电厂应急总指挥应急待命值班人审批;

3) 当热带风暴(风速在 17.2 m/s$<V<$24.4 m/s,8～9 级)以及上等级热带气旋到达电厂时,中止户外作业;确需进行的户外抢修,须有电厂应急总指挥应急待命值班人审批。

根据热带气旋对电厂的影响和应急计划,确定是否启动电厂应急组织。经电厂应急总指挥批准,由主控制室进行广播,电厂进入应急待命状态,除运行人员坚守岗位,部分 on-call 人员进入厂区待命外,其他所有人员在原地待命,不得外出。

4.7.3　其他事故的预防

核电厂常见的事故还有:

(1) 与机械/机具相关的事故(即转动或传动机械、部件、工具所引起的机械伤害事故,例如机床、砂轮机、平持电动工具的机械伤害事故);

(2) 火灾与爆炸事故;

(3) 蒸汽烫伤事故。

这些事故的预防的技术措施和注意事项,各核电厂可自行编制教材进行授课培训。

核电厂潜在的对人员健康造成危害的可能因素还包括:电离辐射、强电磁场、噪声、高温工作环境等。

复习思考题

(1) 工业安全事故预防的原则有哪些?(不少于 5 种)

(2) 安全事故的直接原因有哪些?

(3) 核电厂有哪几类工作许可证?

(4) 隔离许可证的三个要素是什么?

(5) 作业风险分析通常包括哪些方面?

(6) 核电厂容易引起落物的场所有哪些? 如何预防?

(7) 核电厂容易引起窒息的场所有哪些? 如何预防?

(8) 起重时,哪些情况下不准起吊?(至少 5 种)

(9) 简述触电事故的预防措施。

第五章　劳保用品及安全仪表管理

劳动保护用品是保护劳动者在劳动过程中的安全与健康的一种防御性装备。劳动防护用品又称劳动保护用品(简称“劳保用品”),一般指个人防护用品,国际上统称个人防护装备。

个人防护用品是指能够保护个人,防止伤害,限制事故后果的个人穿戴的所有衣物或器具。个人劳动保护是在所有集体保护措施之后,防范措施的最后屏障,是保证个人安全的最后手段。

个人防护设备包括头部的保护,听觉保护,眼部及面部保护,呼吸保护,手和脚的保护,身体的保护,高空作业的保护等。

劳动防护用品在预防职业性有害因素的综合措施中,属于第一级预防。当劳动者条件尚不能从设备上改善时,它还是主要的防护措施。

5.1　劳保用品的领用

(1) 通用品

电站员工或进入电站组织的员工,凭报到通知单到指定管理部门领用。

工作期间需领用,应填写《劳保用品领用申请单》。经所在处处长签字后,再到工业安全管理部门签字,并留复印件以备案。

核电厂员工持《劳保用品领用申请单》原件到电站现场仓库领取。

(2) 特殊劳保用品

工作负责人根据工作要求到工业安全管理部门领用或借用安全仪表及特殊劳保用品。流程如下。

① 填写领用/借用物品单。

② 说明工作性质、内容及条件,并和安全人员共同确定合适的用品,必要时还须和工业安全管理人员共同到作业现场确定劳动保护种类、方式。了解使用的方法及注意事项,并当场检查器具处于可用状态。

各核电厂具体发放劳保用品以本单位劳保用品管理程序为准。

5.2　核电厂常用劳保用品介绍

5.2.1　核电厂常用的劳保用品主要品种

主要有头部防护用品、呼吸器官防护用品、面部防护用品、眼睛防护用品、听觉器官防护用品、手部防护用品、足部防护用品、躯干防护用品和防坠落用品。下面分别予以介绍。

(1) 头部防护用品

头部防护用品是为防御头部不受外来物体打击和其他因素危害而采取的个人防护用品。

根据防护功能要求,目前主要有普通工作帽、防尘帽、防水帽、防寒帽、安全帽、防静电帽、防高温帽、防电磁辐射帽、防昆虫帽等9类产品。

安全帽

安全帽预防的风险:防坠落物打击;防狭矮环境碰头;防高空坠落物等保护头部。

常见问题有:运行巡检不戴安全帽。维修时,因太热不戴安全帽。高空作业认为安全帽无用而不戴。戴安全帽不系拉带,摔倒或坠落时飞出,无作用。

要求进入工业性厂房或高空作业时必须戴安全帽。核电厂在基建阶段进入施工现场必须戴安全帽。

(2) 呼吸器官防护用品

呼吸器官防护用品是为防御有害气体、蒸汽、粉尘、烟、雾经呼吸道吸入,或直接向配用者供氧或清净空气,保证尘、毒污染或缺氧环境中作业人员正常呼吸的防护用具。

呼吸器官防护用品按防护功能主要分为防尘口罩和防毒口罩(面具),按形式又可分为过滤式和隔离式两类。

当那些微粒(如尘粒,雾气,烟)通过人类的呼吸防御系统时,它会直接进入肺部,这些物质会引起不同的伤害。

如那些污染物是气体或有机物质,当它们到达人体的肺部后会立即经血液循环系统进入其他器官,包括脑部。

缺氧会影响心脏,甚至会伤害脑部。

呼吸器官防护用品种类

供气式呼吸器:当工作环境中的含氧量低于19.5%或有不明有害气体时(如一氧化碳)使用;

免保养口罩:

- 防尘口罩,能阻隔0.3 μm尘粒。

针对气体和有机物:如酸性和碱性气体微粒。

- 半面式口罩:可长时间使用。

针对防尘:可配防尘过滤器或过滤棉,可阻隔0.3 μm的尘粒。

针对气体和有机物质:可配不同种类的防化滤罐。

(3) 面部防护用品

预防烟雾、尘粒、金属火花和飞屑、热、电磁辐射、激光、化学飞溅等伤害眼睛或面部的个人防护用品称为面部防护用品。根据防护功能,大致可分为防尘、防水、防冲击、防高温、防电磁辐射、防射线、防化学飞溅、防风沙、防强光9类。

如工作可能引致面部受伤,而该危险又不能以工作方法或工程控制措施来消除,要使用合适的护面用具。以下是一些可能引致面部受伤的工作。

- 产生碎屑或微粒的金属、混凝土或砖石打磨、切割;
- 使用压缩空气以清除金属屑、尘埃或纤维;
- 从事金属熔液或固态的酸、碱、危险腐蚀性物体。

(4) 保护眼睛的防护用品种类

• 安全眼镜

安全眼镜通常较为轻便，它的镜片及镜架有防撞功能；此外，使用配有边罩的安全眼镜对眼睛可提供侧面的保护。

• 安全眼罩

安全眼罩较安全眼镜为重，在佩戴者的面部，所以能提供多角度的保护。一般来说，安全眼罩保护眼睛、眼窝和贴近眼睛周围的部位，以免眼部被撞伤，或被尘埃和飞溅物体所伤。安全眼罩可分为直接透气式和间接透气式两类。

• 面罩

面罩可完全覆盖面部由前额至下巴以下部位。使用面罩可以保护面部及眼睛，免被尘埃和溅起的危险液体所伤。

• 焊接面罩/眼罩

采用适度滤光镜的焊接面罩/眼罩可保护眼睛免被红外线或強烈輻射线灼伤，并防止焊接和气体切割工作所产生的火花、金属屑和熔渣伤及眼部和面部。

(5) 听觉器官防护用品

能够防止过量的声能侵入外耳道，使人耳避免噪声的过渡刺激，减少听力损伤，预防由噪声对人身引起的不良影响的个人防护用品。听觉器官防护用品主要有耳塞、耳罩和防噪声头盔 3 大类。

当噪音达到 85 dB 时，一定要佩戴适合的听力防护器，以解决工作场所的噪声危害。

听觉保护器的防护种类

耳塞

• 一次性耳塞：都是用海绵或发泡等柔软物质做成，因它能紧贴耳道，所以其隔音效果较佳。

• 多次用耳塞：用橡胶或矽胶的物料组成，可清洗，较耐用。

耳罩：有不同类型可配合不同工作环境，如图 5-2-1 所示。

图 5-2-1 常用的防噪声耳罩

(6) 手部防护用品

具有保护手和手臂的功能，供作业者劳动时用的手套称为手部防护用品，通常人们称作劳动防护手套。

手套预防的风险:粗糙或尖锐物扎手,防烫伤,防腐蚀,防触电。

常见问题:为方便省事,不戴手套。

要求根据不同作业戴不同防护手套。

劳动防护用品分类与代码标准按照防护功能将手部防护用品分为12类,即普通防护手套、防水手套、防寒手套、防毒手套、防静电手套、防高温手套、防X射线手套、防酸碱手套、防油手套、防振手套、防切割手套、绝缘手套。每类手套按照材料又能分为许多种。

(7) 足部防护用品

足部防护用品是防止生产过程中有害物质和能量损伤劳动者足部的护具,通常人们称劳动防护鞋。国家标准按照防护功能分为防尘鞋、防水鞋、防寒鞋、防冲击鞋、防静电鞋、防高温鞋、防酸碱鞋、防油鞋、防烫鞋、防滑鞋、防穿刺鞋、电绝缘鞋、防震鞋等13类,每类鞋根据材质不同又能分为许多种。

安全鞋预防风险:防落物砸脚、滑倒、脚掌被砸、脚趾压坏。

常见问题:穿拖鞋或裸脚凉鞋。

要求进入生产性厂房或施工现场的人员必须穿安全鞋。

(8) 躯干防护用品

躯干防护用品就是我们通常讲的防护服。根据防护功能,防护服分为普通防护服、防水服、防寒服、防砸背心、防毒服、阻燃服、防静电服、防高温服、防电磁辐射服、耐酸碱服、防油服、水上救生衣、防昆虫、防风沙等14类产品。每一类产品又可根据具体防护要求或材料分为不同品种。

"防护衣物"是"个人防护装备"的其中一类,它不仅可以作为工作服或制服,更可保护工作人员以预防各种危害引起的伤害。这包括防止接触化学品或火焰、撞击、刺伤、辐射、严寒、酷热或恶劣天气带来的危害。全身防护物(在配合适的呼吸器具一同使用下),适合处理石棉,大型喷油等作业。

防火及抗热全身防护衣物(在配以适当面罩一同使用下),适合金属铸造、烧焊等工序。

衣袖、围裙和手套适用于处理酸、碱等化学品。

1) 防火及抗热:防护衣物

- 进行救火、铸造、烧焊或有关工作时,消防员或工作人员是需要暴露于高热力及强力的环境中。所选用的防护衣物必须有防火及抗热的特性,避免被炙伤和严重烫伤;
- 烧焊及铸造人员的全身防护衣物应没有衣褶或复杂设计,以免火花或飞溅的热金属藏于其间而把衣物烧穿洞。

2) 防化学品衣物

选择适用于防止化学品危险的衣物时,必须考虑以下要点:

- 化学品是液体或固体(如粉状),属酸、碱或溶剂性质;
- 是否选用用完即弃或可供多次使用的防护衣物。

防护衣物本身也可能有潜在危险,例如衣袖或衣袋会被机器或滚筒夹住;当操作机器时,应穿着一些不太宽松的衣物,衣物应尽量贴身;所有拉链、衣钮及其他凸出的设计均须罩住,否则容易出现危险。

(9) 防坠落用品

防坠落用品是防止人体从高处坠落，通过绳带，将高处作业者的身体系接于固定物体上，或在作业场所的边沿下方张网，以防不慎坠落，这类用品主要有安全带(双肩式安全带和全身式安全带)和安全网两种。

不同的工作要用不同的劳保用品，不能因为怕麻烦，就不穿戴个人劳保用品。

5.2.2 对劳动防护用品的使用要求

1. 劳动防护用品使用前应首先作一次外观检查。检查的目的是认定防护用品对有害因素防护效能的程度；用品外观有无缺陷或损坏；各部件组装是否严密，启动是否灵活等。

2. 劳动防护用品的使用必须在其性能范围内且达到标准要求，不得超极限使用；不得使用未经国家指定检测部门认可和检测还达不到标准的产品；不能随便代替，更不能以次充好。

3. 使用劳动防护用品要规范化、制度化。在劳动保护工作一系列政策、法规、条例的指导下，严格遵守操作规程和使用防护用品的制度，了解使用性能和佩戴的方法，而且要达到正确和熟练。

5.3 核电厂安全仪表使用及保养

恶劣的现场工作环境条件对作业安全和人员健康均构成较大的影响。为保证良好的作业环境，除采取固有技术措施外，电厂配备了各类安全检测仪表，对作业(环境)危险源进行检测。电站安全仪表有噪音仪、照度计、红外测温仪、测氧仪、有害气体(氢气、六氟化硫、甲醛、氨气、氯气)检测仪等。

(1) 噪声仪：用于检测工作场所的噪声强度，对噪声比较高的场所采取降低措施或提醒员工按照要求佩戴防护用品。

(2) 照度计：用于检测工作场所的照明强度。

(3) 红外测温仪：用于检测设备或系统的表面温度，一般在运行巡检或从事运行设备的检修等相关工作时佩戴。

(4) 测氧仪：用于检测工作场所的氧气含量，一般在进入密闭容器或不通风场所前需要进行含氧量检测，同时在工作过程要随身携带。

(5) 有害气体检测仪：主要分为易燃或可燃气体检测仪和有毒有害气体检测仪两种。进入相关的工作场所需要随身携带。

各类安全仪表示意图如图 5-3-1 所示。

每种仪表均有不同的型号，技术参数也不完全一样，员工在使用中要详细阅读仪表的使用说明书，按照要求规范使用。同时，各类仪表要按照说明和法规中的要求进行定期检验和标定，一般为每年一次，没有进行检验和标定的安全仪表禁止使用。

噪声仪

照度仪

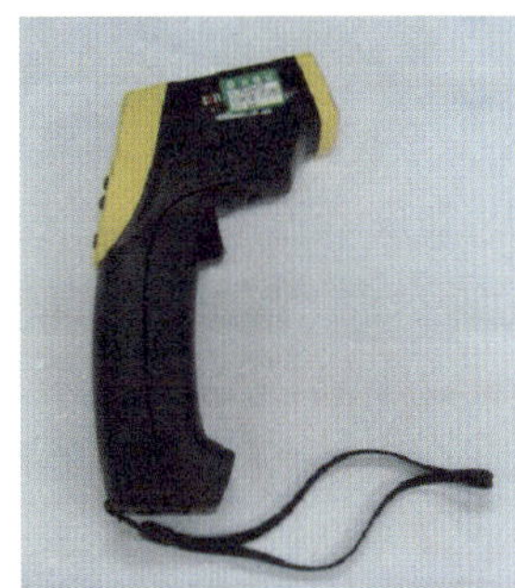

红外测温仪

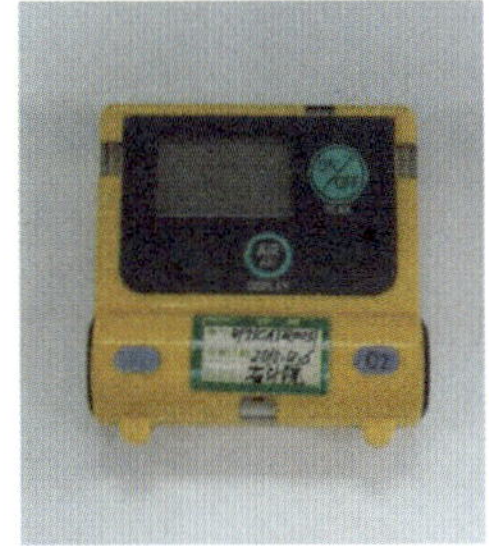

测氧仪

六氟化硫检测仪

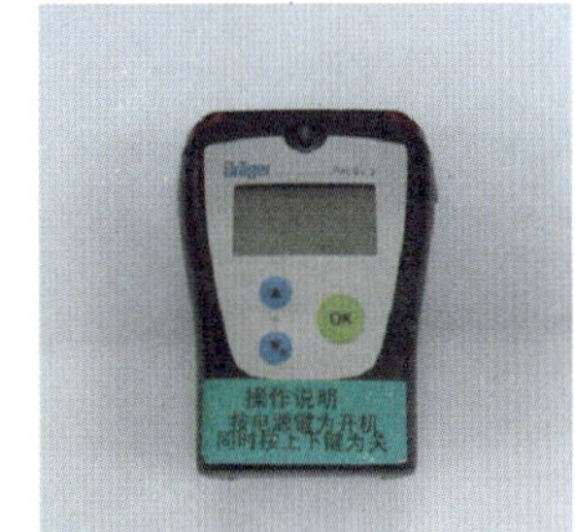

氢气检测仪

图 5-3-1　各类安全仪表

5.4　工业安全标志

为了预防事故，保证安全，在工作场所，特别是某些特殊作业区域，悬挂安全标志是必须的。

5.4.1　安全标志的类别

根据国家标准分为禁止标志，警告标志，指令标志，提示标志 4 类。

- 禁止标志：含义是不准或禁止人们的某种行为。
- 警告标志：含义是使人们注意可能发生的危险。
- 指令标志：含义是必须遵守的意思。
- 提示标志：含义是示意目标的方向。

另外，有关行业以及核电厂本身也可制定自己的安全标志。如电力系统的电力安全标志："配电重地，闲人莫入"、"仓库重地，严禁烟火"、"禁止合闸，有人工作"等等。

5.4.2　安全标志的设置

核电厂厂区的固定的安全标志牌由公司标识的管理部门统一设置；作业需临时挂设的标志牌，由作业地点运行单位负责挂设，工业安全管理人员负责检查和监督。

安全标志应设置在醒目，与安全直接相关的部位，并使人们看到后有足够时间注意它所表达的内容。同时应设置在相对固定、不易移动的物体上。

安全标志牌一旦设置，除设牌人或相关专职安全人员外，未经有关部门同意，任何人不得擅自拆除、移动或改作他用。

安全标志牌的日常维护由设牌地点的管理单位负责；工业安全管理部门每年组织一次检查，如发现有变形、破损、符号脱落、褪色等，应及时修整更换。

安全标志图形举例如图 5-4-1～图 5-4-6。

图 5-4-1　禁止标志

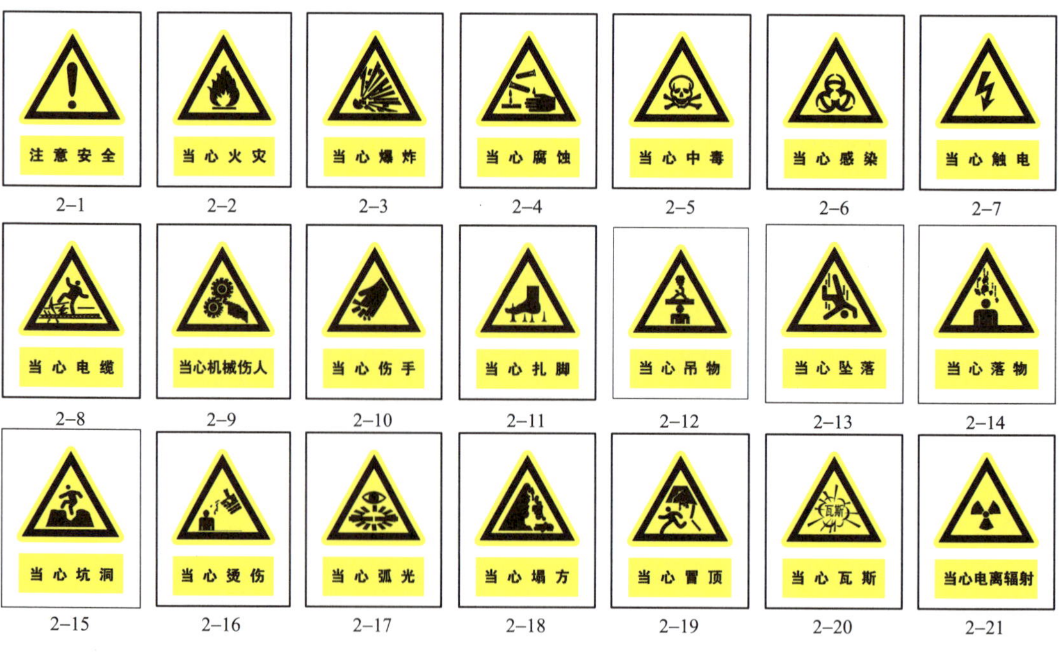

图 5-4-2　警告标志

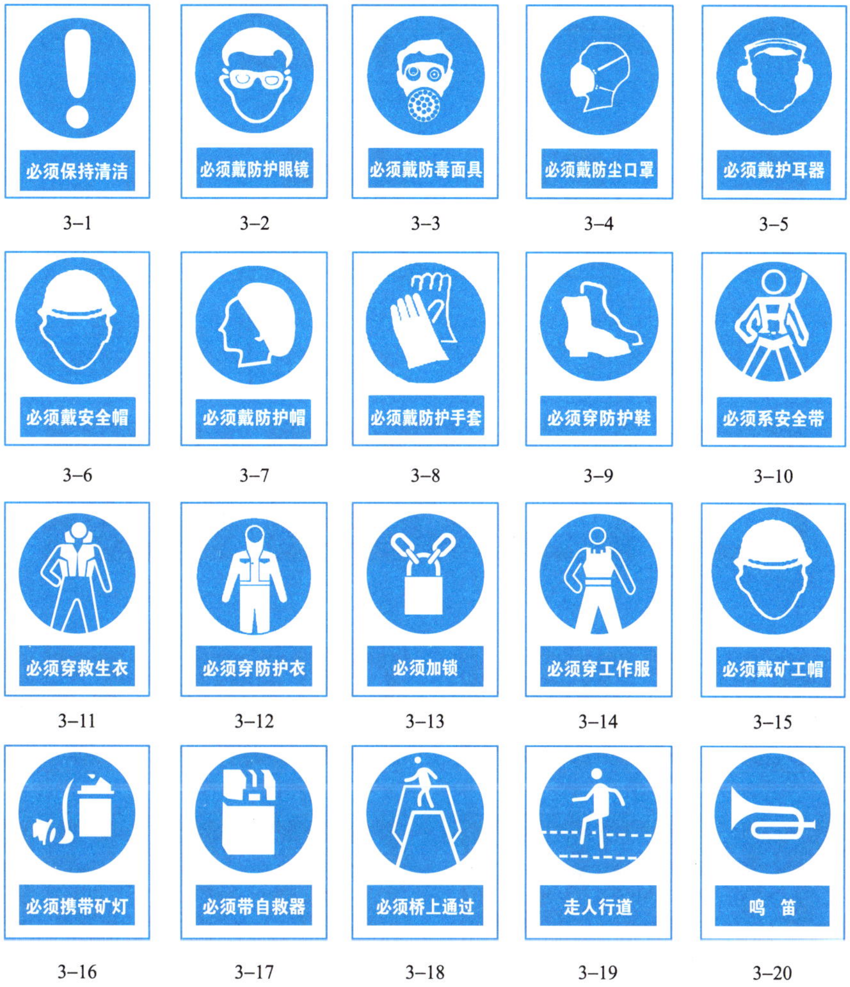

必须保持清洁
3-1
必须戴防护眼镜
3-2
必须戴防毒面具
3-3
必须戴防尘口罩
3-4
必须戴护耳器
3-5
必须戴安全帽
3-6
必须戴防护帽
3-7
必须戴防护手套
3-8
必须穿防护鞋
3-9
必须系安全带
3-10
必须穿救生衣
3-11
必须穿防护衣
3-12
必须加锁
3-13
必须穿工作服
3-14
必须戴矿工帽
3-15
必须携带矿灯
3-16
必须带自救器
3-17
必须桥上通过
3-18
走人行道
3-19
鸣　笛
3-20

图 5-4-3　指令标志

紧急出口
4-1
可动火区
4-2
避险处
4-3
滑动开门
4-4
滑动开门
4-5
击碎板面
4-6
车体接地
熄火装油
4-7
车体接地
熄火卸油
4-8
戴防火帽
机动车
4-9
要害部位
4-10
消防警铃
4-11
核了吗？
你进行复
4-12

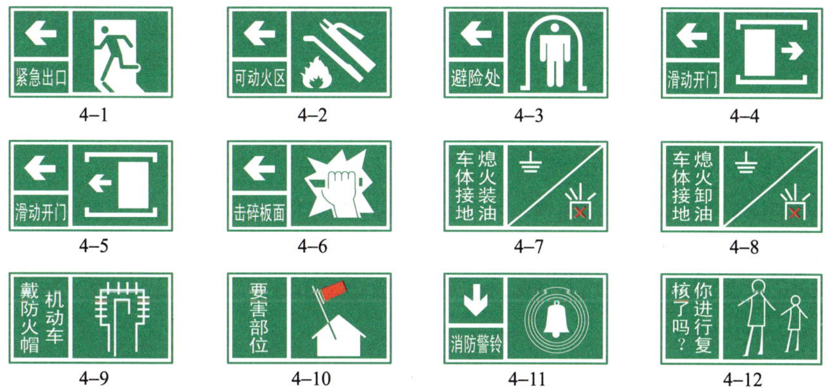

图 5-4-4　提示标志

图 5-4-5　电力安全标志

图 5-4-6　消防安全标志

复习思考题

(1) 劳动保护用品按用途可分为几类?

(2) 简述呼吸保护用品的种类。

(3) 核电厂一般配备了哪几种安全检查仪表(不少于 5 种)?

(4) 安全标志有哪 4 类?

第六章　工业安全事故管理与社会保障

核电厂工业安全事故、事件的调查处理遵循“四不放过”原则：即事故原因分析不清楚的不放过；事故责任者和应受到教育者没有受到教育的不放过；没有采取防范同类事故重演的措施不放过，事故责任人和事故单位负有直接领导责任者没有受到处罚不放过。但最终目的是查找出事故、事件的根本原因，提出并落实纠正行动，防止类似事故的再次发生。

6.1　工业安全事故的分类

前面已介绍了国务院第 493 号令《生产安全事故报告和调查处理条例》中生产安全事故分类基本级别，即特别重大事故、重大事故、较大事故和一般事故 4 个级别。各核电厂也可以根据具体情况再增加以下级别，如重伤事故、轻伤事故、未遂事故和异常事件等。重伤事故和轻伤事故分类由各核电厂自行规定。以下就未遂事故及异常事件做简单介绍。

(1) 工业安全未遂事故

主要包括以下情况：

作业中发现隔离边界不完整，且有明显人身伤害风险；

隔离措施不完善，如泄压、疏水不彻底或阀门未关严，未上锁等，被作业人员发现；

走错间隔，且有明显人身伤害风险，但未造成严重后果；

无许可证作业，错用许可证作业，工作已经开始或进行之中被发现；

进行风险较大的作业时未采取有效的防护措施，已有明显的伤害危险，如高空作业、使用危险品作业、容器内作业、搬运作业、坑洞内作业等；

造成人员失足、失手、身体不适的作业条件，如孔洞、照明、通风、地面条件并已给人员带来明显伤害危险的情况；

有较大潜在后果的操作失误，如空中落物、危险品倾翻/泄漏给人员造成伤害危险；

设施、设备的专设安全保护装置(如格栅、盖板、围栏、竖梯、扶手、转动部分保护装置)在非控制情况下被拆除，并给人员造成明显伤害危险；

作业中重要安全器具(如起重设备和器具、焊接器具、临时供电器具、脚手架、运输器具、电动/液压/手动工具、登高工具、个人防护用品等)发生严重故障，且对作业人员已构成明显的伤害风险；

经工业安全管理人员认定的对人身有重大伤害危险的其他事件等。

(2) 异常事件：任何未构成未遂事故的不安全的条件、设备或设施缺陷、违章行为、不良工作习惯等不构成未遂事故的事件。

员工因外出或开会，因不是直接从事生产过程的管理工作，发生的事故不计入电站的工业事故。

员工上下班的定期交通以及在非电力生产区域，如食堂、俱乐部、医务室、体育场等从事非电力生产活动所发生的事故不计入电站的工业事故。

大修承包商及专门的独立项目承包商所发生的事故不计入电站的工业事故，但作为专项事故报告统计。

6.2 事故、事件的报告

发生事故应立即上报（逐级上报）同时工业安全管理部门和单位负责人应对事故进行应急处理，首先应立即救护受伤者；采取措施制止事故的蔓延扩大，防止二次伤害，并保护事故现场，具体流程如下。

（1）电话报警

现场发生任何意外事件（火灾、人员伤亡等），均应按电厂规定的报警电话和报警内容报告主控室。

（2）事件报告流程

工业安全事件发生后同时应及时通知工业安全管理部门。

1）对于任何事故、未遂事件或异常事件，当事部门都应通过事件报告单，在 24 h 内报告经理部门。

2）如果事件确认为工业安全事故，则伤者的直接领导必须在 24 h 内，填写《××市工伤事故职工伤亡报告书》交工业安全管理部门。

工业安全管理部门收到报告后 24 h 内送有关处长及公司人力资源部。

发生死亡等重大事故，单位负责人接到报告后，应当在 1 h 内向事故发生地县级以上人民政府安全生产监督管理部门和负有安全生产监督管理职责的有关部门报告。

6.3 事故调查与分析

一般情况下，核电厂工业安全管理部门负责电厂内工业安全事故、事件的调查和处理。

根据事故严重程度，也可由工业安全管理部门或业务部门牵头，安全管理人员和相关专业人员参加，成立一个独立调查组。

任何造成重伤以上的事故，生产部经理必须指定一名分管经理，成立事故专门调查小组，工业安全管理部门将协助该小组进行调查。

对任何致残事故和重大人身伤亡事故，生产部经理必须立即通知人力资源部，而人力资源部则应与有关政府部门（劳动、公安、检察、工会部门）联系并成立专门调查组进行调查。

事故调查组的职责包括：

查明事故发生原因、过程和人员伤亡、经济损失情况；

确定事故责任者；

提出事故处理意见和防范措施的建议；

写出事故调查报告。

事故调查组有权向发生事故的企业和有关单位、有关人员了解有关情况和索取有关资料，任何单位和个人不得拒绝。

事故调查组在查明事故情况以后，如果对事故的分析和事故责任者的处理不能取得一致意见，劳动部门有权提出结论性意见；如果仍有不同意见，应当报上级劳动部门或有关部门处理；仍不能达成一致意见时，报同级人民政府裁决。但不得超过事故处理工作的时限。

任何单位和个人不得阻碍、干涉事故调查组的正常工作。

6.4 事故处理

为了保障因工作遭受事故伤害或者患职业病的职工获得医疗救治和经济补偿，国务院自 2004 年 1 月 1 日公布实施《工伤保险条例》，在职工发生工伤事故时，用人单位采取措施使工伤职工得到及时的救治。各核电厂的工伤事故管理机构为劳动鉴定委员会。

6.4.1 工伤事故管理部门职责

各核电厂劳动鉴定委员会职责：

- 负责贯彻落实上级有关劳动鉴定工作的方针、政策和法规。
- 协调电厂职工因工负伤或丧失劳动能力及伤残程度的鉴定。

工会职责：

- 参加职工工伤事故的调查和处理，保证职工的合法利益。

劳动人事处职责：

- 按保险方面的程序办理工伤事故中受伤人员的劳动保险事宜。
- 对工伤事故提交劳动鉴定委员会。

工业安全管理部门职责：

- 组织工伤事故的调查、备案、记录、统计和上报。

6.4.2 工伤事故认定

职工发生事故或者患职业病的伤害，按工伤保险条例进行认定。具有下列情形之一的，认定为工伤：

- 在工作时间和工作场所内，因工作原因受到事故伤害的。
- 在工作时间和工作场所内，从事与工作有关的准备或者收尾性工作受到事故伤害的。
- 在工作时间和工作场所内，因履行工作职责受到暴力等意外伤害的。
- 患职业病的。
- 因工外出期间，由于工作原因受到伤害或者发生事故下落不明的。
- 在上下班途中，受到机动车事故伤害的。
- 法律、行政法规规定应当认定为工伤的其他情形。

有下列情形之一的，视同工伤：

- 在工作时间和工作岗位，突发疾病死亡或者在 48 h 之内经抢救无效死亡的。
- 在抢险救灾等维护国家利益、公共利益活动中受到伤害的。
- 职工原在军队服役，因公负伤致残，已取得伤残军人证，到用人单位后旧伤复发的。

提出工伤认定申请应当提交下列材料：

• 工伤认定申请表。

• 与用人单位存在劳动关系的证明材料。

• 医疗诊断证明或者职业病诊断证明书。

6.4.3 工伤保险待遇

职工因工作遭受事故伤害或者患职业病进行治疗，享受医疗待遇。对于工伤职工治疗非工伤引起的疾病，不享受工伤医疗待遇，按照基本医疗保险办法进行处理。

• 紧急情况时可以先到就近的医疗机构急救。

• 职工住院治疗工伤的，由所在单位按照本单位因工出差伙食补助标准的70%发给住院伙食补助费。

• 在停工留薪期间，原工资福利待遇不变，由所在单位按月支付。

• 停工留薪期一般不超过12个月。

• 职工因工外出期间发生事故或者在抢险救灾中下落不明的，从事故发生当月起3个月照发工资。

6.4.4 工伤事故的处理

发生工伤事故后，由工业安全管理部门或者事故调查小组根据事故责任单位的报告和有关事故的调查分析，写出工伤事故的处理意见，提交核电厂劳动鉴定委员会审议批准后，报地方有关部门处理。

如地方劳动行政部门因种种原因未同意认定职工工伤，而该起工伤事故是与工作有关，工业安全管理部门将比照工伤事故处理办法写出处理意见，经劳动鉴定委员会审议批准，劳动人事处比照工伤职工待遇予以办理。

6.5 社会保障

社会保障通常是指由政府管理的保险制度，其保险范围是强制性的，保险费来源于雇主、雇员或两者兼而有之，政府财政也承担部分保险费。社会保障通常是针对雇员的。保险制度可以是特定性的，例如工伤赔偿制度；也可以是广泛性的，保险范围包括工作、疾病、伤残、怀孕、退休和死亡等。各省、市都规定了因公伤残员工的基本生活，因工伤死亡员工的亲属进行抚恤的有关条款。

(1) 社会保险机构对工作的认定标准如下，即有下列情况之一的可以定为工伤

1) 在用人单位从事生产经营和执行工作任务时负伤、致残、死亡的；

2) 从事用人单位负责人或有关管理人员临时指定或者同意的有关工作时负伤、致残、死亡的；

3) 在用人单位工作区域内工作时，因不可抗力遭受意外伤害的；

4) 在用人单位工作区域内因接触有害物质患职业病的；

5) 在执行本单位安排的生产工作任务中或因工外出期间因突发疾病死亡或经首次医疗期满后由市医务劳动鉴定机构鉴定为完全丧失劳动能力的；

6) 在上下班途中或因工外出期间发生非本人承担主要责任的交通事故或者遭受不可

抗力而发生意外伤害而负伤、死亡的。

（2）工伤的救治

员工因工负伤后的医疗费用由市社会保险机构支付。因医疗需要进行特殊检查治疗和使用自费药品的（特殊检查治疗项目和自费药品目录，由市社会保险机构会同市卫生行政主管部门确定后公布），医疗单位应当事先报经市社会保险机构同意，但抢救期间除外。

（3）因工伤亡的保障

员工因工伤亡之后，社会保险机构将发放一次性补偿金和按月支付补助金、护理补助费。因工伤残废，由省、市伤残鉴定委员会根据 GB/T 16180—1996 标准进行定级，共分 10 级。

（4）其他

工伤员工在工伤医疗期内停发工资，改为按月发给工伤津贴。工伤津贴标准相当于工伤员工本人受伤前一个月的工资收入。因工伤残员工的工伤保险待遇的各项费用自医疗期满月或者职业病确认月起计发。因工死亡员工供养亲属的生活补助费自员工死亡后次月计发。

伤残员工医疗终结后旧伤复发，病情加重，经市医务劳动鉴定机构鉴定后残废等级变更的，从鉴定生效之月起按新标准计发工伤保险待遇，其中一次性补偿金只补差额部分。伤残员工因旧伤复发死亡的，经市社会保险机构认定后，按死亡规定支付工伤保险待遇。

以上所述仅是最基本的规定。各核电厂可根据本公司的具体管理程序或规定予以讲授。

复习思考题

（1）何为事故的“四个不放过”原则？

（2）事故发生后如何报告？

（3）除了国家工业安全事故级别外，各核电厂还可以在其下面细化分哪几个事故级别？

（4）核电厂工业安全未遂事故的例子主要有哪些？

参 考 文 献

[1] 中华人民共和国安全生产法.2002年.
[2] 中华人民共和国劳动法.1994年.
[3] 贺禹主编. 核电站基本安全授权培训教材. 北京:原子能出版社,2004.
[4] GB 28001—2001. 职业健康安全管理.2001年.
[5] 放射性物品运输安全管理条例,国务院第562号令 2009-9-14.
[6] GB 6441—1986 企业职工伤亡事故分类.
[7] 生产安全事故报告和调查处理条例,国务院第493号令 2007-4-9.